現場代理人養成講座

施工で勝つ方法

降籏 達生 著
日経コンストラクション 編

日経BP社

はじめに

　私は、これまで現場代理人をはじめとする数千人の施工管理技術者と会い、現場で一緒に業務や勉強をしてきた。その際、建設会社の経営者から次のようなことをよく聞いた。「顧客の評価が高い現場代理人はいつも評価が高く、問題を起こす現場代理人はいつも問題を起こす」。

　私はその理由を調べるために、数百人の現場代理人に会って面談をし、アンケートに答えてもらった。その結果、たまたま評価が高い現場代理人はいるが、問題を起こす現場代理人はその理由が明確である、ということがわかった。まさに「勝ちに不思議の勝ちあり、負けに不思議の負けなし」である。したがって、評価の高い一流の現場代理人を養成することは可能である、という確信を持ったことが本書を書き始めた動機である。

　第1章には、一流の現場代理人になるためにはどのような資質や能力が必要であるかをわかりやすく解き明かした。そして、現場経営の根幹である原価低減のための手法について第2章で解説した。

　昨今は、技術提案の良しあしで工事の受注が決まることが増えてきた。さらには、双方にメリットがあるように交渉を進める能力が欠かせない。そして、顧客満足を超える感動を感じてもらうことが、リピート受注や新たな顧客の紹介につながる。第3章の提案力と交渉力、第4章の顧客満足については、技術営業を期待されている現場代理人にぜひ身に付けてもらいたい内容だ。

　現場代理人としてステップアップを図るために欠かせない技術資格の概要と取得方法、人材の育成手法と採用手法について、第5章から第7章に記載した。

　多くの現場代理人が次のステップとして工事部長を目指すことだろう。工事部長に必要な資質を第8章にて体得してほしい。

　資源を有しない日本が世界で存在価値を示すためには、技術立国を目指すしかない。そのためにも自らの技術力と人間力を高め続け、尊敬される現場代理人であり続ける必要がある。夢と誇りを持って現場で輝き続けてほしい。

2010年11月

ハタ コンサルタント株式会社
代表取締役　降籏 達生

目次

はじめに ……………………………………………………………… 3

第1章 求められる資質を知る …………………………………… 7
 1 成果を上げる人材とは ………………………………………… 8
 2 基本は技術力 ………………………………………………… 16
 3 一流の技術者は「立体的」 …………………………………… 25
 4 能力を熱意で引き出す ……………………………………… 44
 5 「正しい考え方」に学ぶ ……………………………………… 49

第2章 原価を下げる ……………………………………………… 59
 1 業績向上の仕組みを知る …………………………………… 60
 2 原価低減で欠かせない五つの要点 ………………………… 64

第3章 提案力と交渉力を磨く …………………………………… 87
 1 コミュニケーションで業績向上 …………………………… 88
 2 技術提案のポイント ………………………………………… 94
 3 交渉力の高め方 …………………………………………… 109

第4章 顧客満足を超える ……………………………………… 125
 1 満足と感動の違いを理解 ………………………………… 126
 2 「ニーズ」と「ウォンツ」を先取り ………………………… 134

第5章 資格を取る ……………………………………… 147
1 あなたに必要な資格とは …………………… 148
2 資格の取り方 …………………………………… 158

第6章 人を育てる ……………………………………… 177
1 「育成」と「指導」を誤解しない …………… 178
2 OJTの効果を上げる方法 …………………… 192
3 消極的な社員を戦力に ……………………… 210
4 職場環境を改善しよう ……………………… 228
5 職人を鍛える …………………………………… 248

第7章 現場代理人を採用する ……………………… 255
1 新卒は学校推薦から一般公募に …………… 256
2 無計画な中途採用が経営を圧迫 …………… 264

第8章 工事部長の仕事に学ぶ ……………………… 271
1 個々の工事から組織の管理へ ……………… 272
2 会議を活性化する方法 ……………………… 293

第1章
求められる資質を知る

1 成果を上げる人材とは
2 基本は技術力
3 一流の技術者は「立体的」
4 能力を熱意で引き出す
5 「正しい考え方」に学ぶ

1 成果を上げる人材とは

　建設会社が工事を受注すると、現場代理人を選任する。現場代理人とはその名の通り、社長の代理である。発注者からすれば、すべての工事において経営者に責任を持って対応してもらいたいものだ。しかし、経営者の体は一つしかなく、すべての工事を担当することは物理的に不可能である。そこで経営者が現場代理人を選任し、工事を経営者の代理として責任を持って完成させるのだ。

　現場代理人の主な仕事は、施工管理である。多くの協力会社の作業員や職人を統率し、ムダなく作業ができるように指揮・監督する。あたかも、オーケストラを操る指揮者のようなものだ。もしくはプロ野球の監督とも言える。

　プロ野球の監督は、その多くが元名プレーヤーであり、自身のプレーヤー経験を基に選手を指導する。しかし、現場代理人の多くは、型枠を組むことはできないし、鉄筋も組めない。左官工事も防水工事もすることはできない。にもかかわらず、それらの作業に携わる人たちに指示、命令し、指揮・監督をしなければならない。

　それゆえ、現場代理人として成果を上げるためには、現場代理人に特有の資質や能力が必要だ。それがなければ、多くの作業員や職人を指揮・監督することができず、言うことを聞いてもらえないので、結果として良いものができない。以下では、成果を上げる現場代理人にはどんな資質や能力が必要なのかについて考えてみよう。

成果とは何か

　まずは、現場代理人が生み出すべき成果を書き出してみよう。

（1）物の品質が良い
　顧客が求めるもの（顧客要求事項）を法律や規格、そして自社のこだわり

に沿ってつくることができる。

（2）顧客満足度が高い
　顧客の満足度を高め、継続受注や新たな顧客の紹介につなげることができる。

（3）適正利益を出す
　工事を実施することで、会社に適正な利益を計上することができる。

（4）協力会社に利益を提供できる
　自社だけでなく、協力会社も利益を出し、共存共栄の精神で仕事をすることができる。

（5）短い工期で施工できる
　可能な限り短い工期で施工することで、顧客や関係者の満足につなげることができる。

（6）事故が起きない
　安全や衛生に配慮した施工を実施し、無事故、無災害で工事を行うことができる。

（7）自然環境を保全する
　自然環境を損なわずに、地球にやさしい施工をすることができる。

（8）近隣の人たちと調和している
　近隣や関係者の人たちと調和を保って、関係者の満足度の高い施工をすることができる。

（9）働きやすい職場で従業員の満足度が高い
　工事現場の人たちにとって、物理的、人間工学的、心理的に好ましい職場（作業）環境をつくることができる。

では、このような成果を出す現場代理人には、どのような資質が備わっているのだろうか。以下の演習を通して解説しよう。

演習 それぞれに欠けている資質は何？

以下の8人の登場人物は、現場代理人に必要な資質の一部が欠けている。どのような資質が欠けているのか、考えてみよう。

①Aさんは、部下や作業員に対する面倒見が良く、人望が厚い。ただ、コンクリートの強度や配合、土の密度や最適含水比について、発注者から問い合わせがあると答えられなくなるし、実際に技術的なミスが多い。さらに、原価管理がずさんで利益を出すことができない。

②Bさんは、現場における仕事はきちんとこなす。しかし、発注者との設計変更の協議や近隣との協議が不得手でよく問題を起こす。現場の作業員との関係も希薄で、人とのコミュニケーションに課題がある。

③Cさんは、一人で仕事をする範囲では問題がないが、組織的に仕事をすることが苦手である。協力会社や部下に対して業務の指示をしたり、その進ちょくを管理したりすることができない。しかも同じミスを繰り返し、改善することができない。

④Dさんは勉強熱心で、資格も若くして取得した。しかし、経験が浅く、これまで施工した工種に偏りがあるので、新しい工種の工事を担当してもらうとミスが多い。

⑤Eさんは、Dさんと同じく勉強熱心で資格も有している。しかし、段取りが悪く、先を読んで将来起こるであろうリスクを予知して事前に手を打つことをしないために、いつもバタバタしてしまう。

⑥Fさんは、工事を遂行するのに必要なことはよく理解している。しかし、現場代理人としての判断を求められたときに、人を頼ったり任せたりして、自分で物事を決定することができない。

⑦Gさんは、一通りの仕事はでき、そつなくこなすタイプだ。しかし、いざというときに徹夜してでもやりぬくということはしない。あきらめが早く、利益が出ないことを営業のせいにして自分の責任逃れのような発言をする。

⑧Hさんは能力が高く、熱意も申し分ないのだが、人に対する思いやりに欠け、約束を守らず、ずる賢いところがあるので人望がない。そのため、いざというときにHさんを応援しようという人はいない。

「雑識」を体系化してまずは「知識」に

8人には、それぞれ以下のような資質や能力が欠けている。

(1) 技術力

Aさんは建設現場において仕事をするための基本的な技術力が不足している。表1-1に示すように品質、原価、工程、安全、環境に関する技術力が、成果を上げるためには欠かせない資質である。

表1-1●現場代理人に必要な技術力

技術力						
品質	原価	工程	安全	自然環境	周辺環境	職場環境

(2) 対応力

Bさんは、技術力はあるのだが、対応力に欠けている。ここでいう対応力とは、顧客、近隣、協力会社に対するコミュニケーション能力を言う。工事をスムーズに進めるためには、コミュニケーション能力は欠かせない。対応力には、相手とのコミュニケーションの段階ごとに、親密力、調査力、提案力、表現力、交渉力の五つの能力が必要である（表1-2）。

表1-2●対応力に必要な五つの段階

段階	必要な能力	状態
1段階	親密力	相手との親密性を高める力
2段階	調査力	相手の要望（ニーズ）や欲求（ウォンツ）を聞き出す力
3段階	提案力	相手の要望（ニーズ）や欲求（ウォンツ）に応じた提案書を作成する力
4段階	表現力	相手に対して提案書の内容を表現する力
5段階	交渉力	相手の決断を引き出す力

(3) 管理力

Cさんは、技術力や対応力を管理するための能力が不足している。管理とは図1-1のマネジメントサイクルに示すP（プラン、計画）、D（ドゥ、実施）、C（チェック、点検）、A（アクション、改善）を実行する力のことだ。

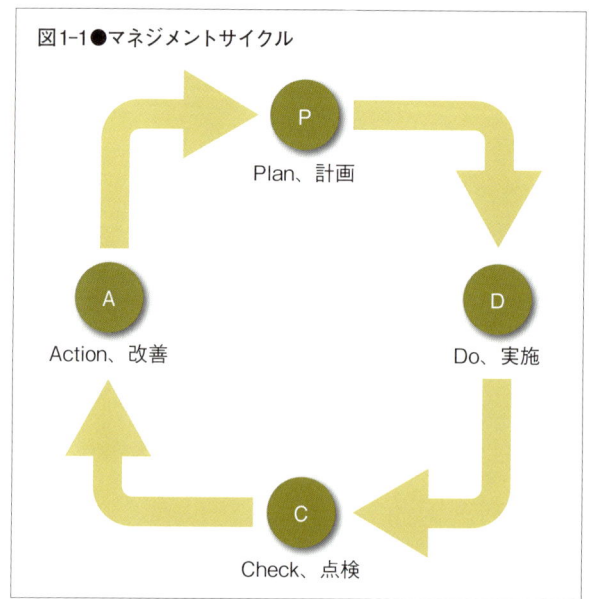

図1-1 ● マネジメントサイクル

（4）知識、見識、胆識

　さらに、これらの技術力や対応力、管理力に関して、薄っぺらなものでは成果を出すことはできない。それぞれに対して深みが必要だ。

　現場代理人には、技術力や対応力、管理力に対して、雑然とした情報「雑識」を体系化する「知識」、それを実行、行動することで先読みして対策を打つことのできる「見識」、そして変化に対応して決断する「胆識」が必要なのである。

　Aさんは「雑識」はあるのだが、それが「知識」となっていない。DさんやEさんは経験が不足しており、「見識」が欠如している。Fさんには決断力、つまり「胆識」が欠如している。

成果は「能力×熱意×考え方」に比例

　Gさんは、能力は高いのだが、それを生かすための熱意が不足している。

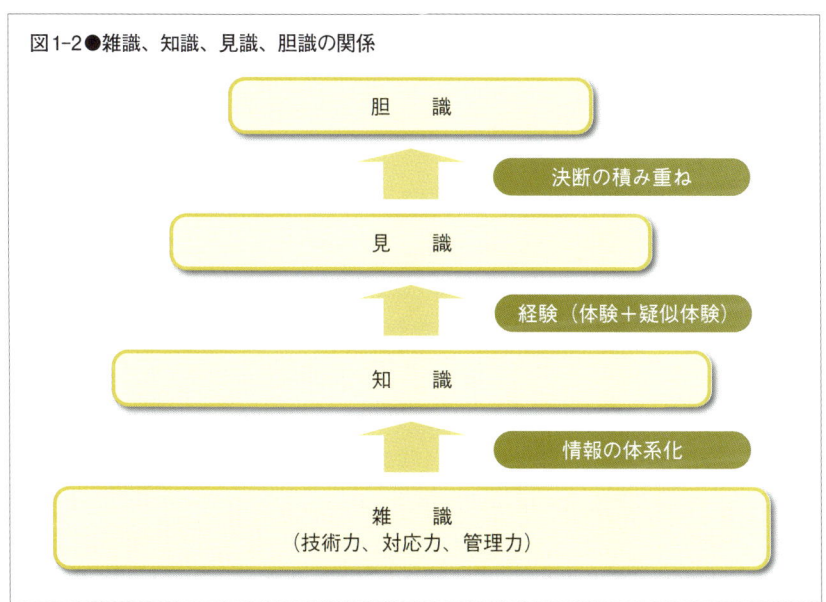

図1-2●雑識、知識、見識、胆識の関係

　熱意は保有能力を引き出す役割を有している。成果は、能力と熱意の積に比例する。つまり、能力が10でも熱意が1であると10の成果しかつくり出せないが、能力が5でも熱意が5であれば、25の成果をつくり出すことができる。

　能力が不足していても、熱意があればそれを大きく引き出すことができる。逆に能力があっても熱意が不足していると、その能力を十分に引き出すことができないために成果は出せない。

　IIさんは、基本的な考え方に問題がある。仁（他人への思いやりの心）、義（正しいことを行う心）、信（約束を守る心）に代表される人として正しい考え方を持っていない限り、周りの人たちの応援を得ることはできない。建設業の現場管理において作業員や職人、そして近隣の人たちなど周りの応援を得ることができなければ、仕事をスムーズに遂行することはできないのである。

能力が10点満点、熱意が10点満点であるとすれば、考え方は＋10点から－10点の範囲である。能力や熱意が低くても成果が少ないだけだが、考え方が誤っていると、成果とは反対の損害を発生させてしまう。

　ある建設会社の現場代理人は、朝は現場に誰よりも早く出勤し、事務所のトイレ掃除や現場の清掃を行う。さらには、乗用車や重機の洗車も行う。このようなことを繰り返していると、現場で働く人たちはその現場代理人に対して感謝の気持ちを持つだろう。そうすると、多少の無理を現場代理人に言われても承諾するものだ。

写真1-1●現場のトイレを掃除している様子

(写真：北川組)

　ある自動販売機メーカーの営業マンの話である。この営業マンの仕事は、自動販売機の飲料を補充することだ。彼は毎朝、飲料を補充する際に、自動販売機の掃除をしていた。しかも、自分の会社の自動販売機だけでなく他社の自動販売機も掃除し、かつその周りをも掃除していた。

　その姿に感動した近くの商店街の人たちは、他社の飲料をその営業マンの会社の飲料に切り替えたという。まさに、「仁」の気持ちがあれば成果を上

げることができる事例である。

ここまでをまとめると、成果は次の式で表される。

成果＝能力×熱意×考え方

先に述べたように、能力は10点満点、熱意は10点満点、考え方は＋10点から－10点までなので成果は次のようになる。

成果＝10×10×（－10〜10）＝－1000〜1000

表1-3●成果を上げる現場代理人の3要素

能力	熱意	考え方
技術力（品質、原価、工程、安全、環境）	熱意が保有能力を引き出し、顕在化させる	正しい考え方が、能力と熱意を正しい方向へと導く
対応力（提案力、交渉力）		
管理力（PDCA推進力）		

2 基本は技術力

　現場代理人に必要な能力は、**図1-3**のように三次元の広がりを持つ。これらの能力を身に付ける方法を、もう少し詳しく考えてみよう。

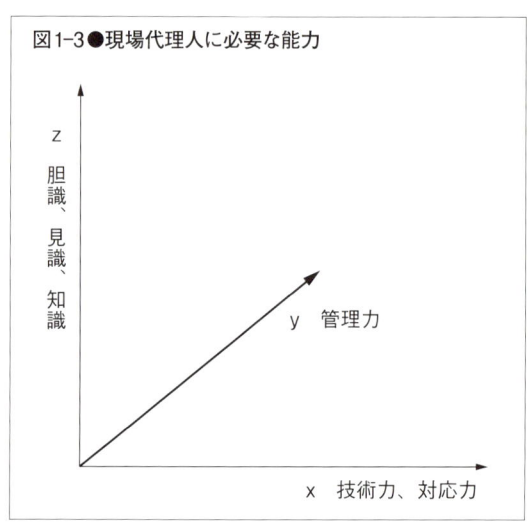

　まず、X軸は技術力と対応力である。技術力とは、建設物を造るうえで必要な知能や技能を指す。対応力とは、コミュニケーション力や対人関係能力である。建設業はチームワークで建設物を造るので、対応力は欠かせない。

　次に、技術力や対応力を管理する能力が必要だ。現場代理人とは現場監督ともいう。つまり、現場で働く人たちを監督しなければならない。現場で働く人たちが発揮する技術力や対応力を、管理・監督する能力が必要なのだ。

　技術力と対応力、さらにそれらを管理する力を有していても、それが知識のレベルであれば、薄っぺらなものになってしまう。経験を重ねることでそれが見識になり、決断を繰り返すことで胆識になるということは、第1章の1で述べたとおりである。以下では、現場代理人にとって必要な能力のう

ち、まずは技術力について、知っておくべき法令などの基礎知識も交えて解説する。

「こだわり」も技術力の一つ

　技術力を身に付けるには、第1章の1でも示したように品質や原価、工程、安全、環境について、それぞれ理解しておくことが欠かせない。

　品質の良い建設物を造るためには、まずは顧客などの要求事項を正確に理解することから始めなければならない。要求事項は以下の三つからなる。

（1）顧客の要求事項

　顧客が要求している内容を把握しなければ良い品質のものはできない。顧客が公共団体の場合は、公共団体が決めた「標準仕様書」だけでなく、個別工事ごとの「特記仕様書」にも顧客の要求事項が記載されている。ほかにも、顧客が口頭で話す要求事項があり、それは打ち合わせ記録に記載する。顧客からのこれらの要求事項を正確に理解し、把握することが品質を守るためには必要だ。

　それには仕様書を熟読し、かつ顧客が話したことはすべてメモを取っておく。これは、一流の現場代理人となるためには不可欠である。

　さらに、顧客が文書や口頭で明示していないが、潜在的に欲し、求めていることについても顧客要求事項として把握することが必要だ。

（2）法的な要求事項

　国の法律や地方の条例で決められたことを法的要求事項といい、これらも守らなければならない。法的要求事項には以下のようなものがある。

　　・建設業法
　　・建築基準法
　　・河川法
　　・道路法
　　・宅地造成等規制法など

さらに、地元（自治会、町内会など）や利害関係者（漁業協同組合、農業協同組合など）との協定や約束事を規制要求事項といい、これも重要な要求事項である。

　現場代理人は、このような法的要求事項や規制要求事項を理解しておくことは当然のこととして、それらの改正内容の情報も常にキャッチしていなければならない。

（3）自社の要求事項

　品質を守るために重要な要求事項として、自社の要求事項がある。顧客も法律も定めていないが、自ら定めた守るべき事項である。これは自社の「こだわり」ともいう。自社の明確な「こだわり」の技術を持つことで、業績向上に寄与することができる。

「こだわり」が業績を伸ばす

　任天堂はその昔、花札やトランプを作る会社だった。当時の社長の山内溥氏は、ファミリーコンピューターを開発して大ヒットさせ、今の任天堂の礎を作った。山内氏は退任する際、後任の社長に「異業種には絶対、手を出すな」と言い残したという。
　後任の社長の時代になって、ファミリーコンピューターの市場が飽和したこと、そして少子化の影響を受けて任天堂の売り上げは低迷した。しかし、後任の社長は「おもちゃ以外に手を出すな」という山内氏の言葉を守りながら活路を開こうとした。その結果、開発に成功したのが大人向けおもちゃである「脳トレーニング」だった。これは多くの大人に支持され、大ヒットしたのである。
　「おもちゃ以外に手を出さない」という「こだわり」が業績を伸ばした事例である。

原価と工程、安全の実際を知る

　原価にかかわる技術を身に付けるには、例えば以下に挙げた原価についてまずは知る必要がある。
　・その工種を実施するのにどのような職種や労賃の人が何人必要か
　・いくらの材料がどれくらいの数量必要か
　・どの程度の性能の機械が何日必要か
　・この工事をするために必要な経費は何か

> **職人から労賃を聞き出す**
>
> 　私は、ダムやトンネルの工事現場で施工管理をしていた。若いころは先輩から多くの仕事を言いつけられた。その一つが、歩掛かり調査だ。毎日どのような職種の人が何人来ているのか、材料は設計に対してどれくらい余分に使っているのか。そして、職人さんが協力会社からいったいいくらもらっているのかを調査するわけだ。
> 　このうち、人数と材料の調査は時間さえかければ把握できるが、労賃の調査にはてこずった。職人さんにいくら聞いても教えてくれないからだ。
> 　私が「大工さん、親方からいったいいくらもらっているのですか」と聞いても、大工さんは「そんなことお前に言えるかよ」。
> 　そんなときには、缶コーヒーを飲みながら聞いたり、お昼ごはんをごちそうしながら聞いたり、ときには夜に一杯飲みながら聞いたものである。
> 　私「ところで、親方からいくらもらっているのですか」。
> 　大工さん「お前、しつこいな」。
> 　私「1日に3万円くらいですか」。
> 　大工さん「そんなにもらっていたら、家が建つぞ」。
> 　私「では1日に1万円ですか」。
> 　大工さん「そんな金額では子供を養えないだろ」。
> 　私「では2万円？　1万5千円？」。
> 　ここまで聞くと職人さんも根負けして話してくれた。この繰り返しで原価を把握することができるのである。

　原価の技術と同様に工程にかかわる技術も、一つひとつの工程の必要な長さとそのつながりを知ることが基本となる。例えば、
　・その工種をするのに、どのような職種の人が、何人のグループで何日必要か

・その工種の前後の工程は何か
・天候にどの程度左右されるのか
・必要な材料は何か

　協力会社に必要な工程を聞く現場代理人が多い。聞かれた協力会社の職長は必ず、"サバ"を読んで「必要な工程」を現場代理人に伝える。正直に話すと自分で自分の首を絞めてしまうからだ。

現場代理人Ａ「○○さん、この工事の工程は何日必要ですか」。
職長Ｂ　　　「そうだねえ、10日かかります（本当は6日でできるけれど、何があるかわからないから長めに言っておこう。しかも、現場代理人のＡさんはいつも20％、工期を短縮してほしいというので、それよりも長めに話しておこう）」。
現場代理人Ａ「少し長いなあ。8日でどうですか」。
職長Ｂ　　　「8日はきついけれど、Ａさんの頼みなら何とかがんばるよ（本当は6日でできるので、8日は楽勝だ！）」。

　現場代理人が必要な工程を把握していないと、サバを読まれていることに気づかず、このように工程を長く見積もってしまうことになる。

　安全にかかわる技術とは、労働基準法や労働安全衛生法、労働安全衛生規則を順守して労働者の安全と衛生を守ることである。現場代理人には工事現場で働く作業員の安全衛生を守る義務があり、それに違反すると罰せられる。

　建設業法や建築基準法などが主として顧客を守る法律であるのに対して、労働安全衛生に関連する法律は、現場で働く作業員を守る法律である。作業員にけがをさせようと考えている現場代理人は皆無だろう。しかし、結果として作業員が災害に遭うと、現場代理人に厳罰が下される。

　ある建設会社で、ダムのバッチャープラントが倒壊する事故が発生した。その結果、そこで働いていた作業員の人たちが被災した。原因は、ボルトの

緩みであり、点検漏れだった。すべての責任は現場代理人にあるということで、現場代理人は収監された。立派な技術者だったが、ちょっとしたミスが原因で、一瞬にして犯罪者となってしまう。

三つの「環境」に配慮する

　品質や原価、工程、安全と並んで環境も、現場代理人が身に付けるべき技術の一つだ。環境には自然環境や周辺環境、職場環境の三つがあり、それぞれの法規制の内容をまずは理解しておかなければならない。

　自然環境の保全を対象とした規制は、公害防止や廃棄物・リサイクル、エネルギー・地球温暖化などに分けられる。**表1-4**にそれぞれに関連する法規制の一覧を示す。

表1-4●自然環境にかかわる主な法規制一覧

対象		関連する法規制
公害	大気	大気汚染防止法
	水質	水質汚濁防止法
	土壌汚染	土壌汚染対策法
	地盤沈下	建築物用地下水の採取の規制に関する法律
	悪臭	悪臭防止法
廃棄物、リサイクル		廃棄物の処理及び清掃に関する法律
		資源の有効な利用の促進に関する法律
		建設工事に係る資材の再資源化等に関する法律
エネルギー、地球温暖化		地球温暖化対策の推進に関する法律
		エネルギー使用の合理化に関する法律

　防水工事を得意とするA社は、リフォーム工事で住宅のベランダの防水工事を実施した。施工が完了して後片付けをしていたところ、防水材料が余っていることに気づいた。いつもなら会社に持って帰るところだったが、少量だったこともあり、近くの空き地に廃棄してしまった。

　1カ月後、警察から電話があり、出頭してほしいとのこと。そこで聞かされた話は、以下のようである。

防水工事を施工した住宅の近隣で2週間前から、水道水に変なにおいがするし、気分が悪くなったと騒ぎになった。市の水道局が水質調査をしたところ、防水材料の成分が検出された。防水材料を空き地に捨てた場所の真下にたまたま水道管があり、防水材料の成分が水道水にしみ込んだのである。その後、裁判となって有罪判決が下された。

　周辺環境とは、工事を施工する個所の近隣住民の生活環境であり、それらの保全にも十分な配慮や対応が求められる。

表1-5●周辺環境にかかわる法規制一覧

対象		関連する法規制
公害	騒音	騒音規制法
	振動	振動規制法

　対象となる主な法律は上記の**表1-5**の二つだが、実際には心理的なものが大きい。いくら法律で定められた数値以下の騒音や振動であっても、近隣住民が被害を訴えれば工事が中止になることがある。その逆に、法律で定められた数値以上であっても、近隣住民が理解を示してくれることもある。

　職場環境は物理的、人間工学的、心理的の三つに分けられる。

（1）物理的職場環境
　明るさ（照度）、空気の清浄度、気温、湿度、騒音、振動、休憩施設の有無などの快適さを表し、物理的に働きやすい環境をいう。

（2）人間工学的職場環境
　作業場所の配置や高さ、広さなど、人間の体に合った作業体制をいう。

（3）心理的職場環境
　働く仲間や上司と部下、元請け会社と協力会社との親密度や人間関係が良好に保たれている環境をいう。働く人たちは、やる気に満ちて生き生きと働くことができる。

人里離れた山間地のトンネル現場でのことだ。現場代理人のF所長は仕事に厳しい人で、社員は毎日のように大声でしかられていた。そうなると職場は沈み、暗い雰囲気になっていった。現場は人里離れたへき地なので、全員が泊まり込みで2週間に一度、山を降りて自宅に帰るという生活だった。

　そんな中、F所長は、土曜日になると昼から厨房(ちゅうぼう)に入る。そして、自分で釣ってきたいわなや山で採ってきたきのこを使って、社員のために料理をするのだ。夕方、社員が現場から帰ってくると笑顔で迎えてくれ、料理をふるまってくれる。

　F所長自らお酒をついでくれ、「毎日どなってばかりで悪いな。みんなには感謝しているよ」と言う。社員はこの一言で、しかられたことに対する恨みが吹き飛び「Fさんのためにがんばっていい仕事をしよう」と思ったという。これこそ、心理的職場環境を改善する一番の手法であると思う。

写真1-2●人里離れた工事では職場環境が大切

(写真：熊谷組)

あいさつで近隣住民の意識が変わる

　住宅建設を手がけるS建設では、工事前の近隣へのあいさつはもちろん、向こう3軒の範囲まで毎朝、道路清掃を行う。その際、近隣の人たちと気持ち良くあいさつをして、心の交流をしている。その結果、音や振動の苦情が来ることはなく、逆に近隣住民の人から新しい顧客を紹介されるほどである。

　小学校で耐震補強工事を施工していたT社の事例も、あいさつの大切さを教えてくれる。学校側では、騒音や振動による授業への影響とともに、建設作業員が学校に入ってくることで、子どもとの間で事件が起きないかを心配していた。

　T社では、顧客や近隣住民に対して作業員があいさつをしっかり行うことを徹底して教育していた。この小学校の現場でも、作業員は先生や生徒に徹底してあいさつをした。きちんと立ち止まり、「気をつけ」の姿勢で大きな声で「おはようございます」、「こんにちは」、「こんばんは」と言うのだ。最初は先生や生徒はその元気さに驚いていたが、そのうち、お互いにスムーズにあいさつが交わされるようになった。

　そんなある日のこと、ある先生がT社の現場代理人のところにやってきて次のように言った。「いつも工事を進められている皆様のあいさつに感心しています。逆に私たち教師が教えられています。今から生徒をここに連れてきますので、正しいあいさつの仕方を教えてやってもらえませんでしょうか」。

　このような経緯があり、学校側の多大な協力を得て工事はスムーズに進み、工期通りに工事を終えることができた。

写真1-3●校内の作業であいさつを徹底

（写真：花田工務店）

3 一流の技術者は「立体的」

　技術力や対応力を、現場代理人はプレーヤーとしてだけでなく、監督者としても実施しなければならない。監督者として部下や作業員、職人に技術力や対応力を適切に実施させる能力を管理力といい、現場代理人に欠かせない能力である。

　管理力とはP（プラン、計画）、D（ドゥ、実施）、C（チェック、点検）、A（アクション、改善）の各段階で技術力や対応力を実行できる力のことだ。技術力や対応力に関して、PDCAの各段階で実行すべきことを次ページの表1-6に記した。この4×8＝32マスに記載した内容を確実に実施する能力を、現場代理人は身に付けておかなければならない。

　技術力や対応力で管理力を発揮し、表1-6のように二次元の広がりを持たせることを、現場代理人に必要な能力を「面的に広げる」と言う。

「雑識」は現場で役に立たない

　技術力と対応力、さらにそれらを面的に広げる管理力が薄っぺらな内容では、成果を出すことはできない。それぞれに対して深みが必要だ。これを、能力を「立体的に深める」と言う。

　まずは「知識」が必要だ。「知識」とは、様々な技術や情報を体系化して理解していることである。例えば資格試験合格のために頭に詰め込んだだけの情報であれば、必要なときに取り出すことができない。知っているけれど、使えないということだ。これは「雑識」と言い、現場で役に立たない。

　頭の中の様々な情報である「雑識」が、あたかも図書館のように分類された棚に格納されており、必要なときに必要な情報を取り出せる状態を、「知識」を有している状態と言う。

表1-6●PDCAの各段階で実施すべき内容

			技術力
	Q（Quality）＝品質管理	C（Cost）＝原価管理	D（Delivery）＝工程管理
P（Plan）＝計画	標準仕様書 特記仕様書 図面 法律（建築基準法、建設業法など） 作業手順書 施工計画書	見積書 実行予算書 標準歩掛かり	工程表 標準歩掛かり
D（Do）＝実施		教育、指導、報告・連絡・相談の実施、	
C（Check）＝点検、確認	検査 試験	月次決算 工事精算	工程の進ちょく確認
A（Action）＝反省、改善	図面や作業手順書などの見直し	実行予算書や標準歩掛かりの見直し	工程表の見直し 歩掛かりの見直し

　例えばあなたは、あなたの住んでいる町の電信柱の数がわかるだろうか。
　まず、町の面積から考えてみよう。東西と南北の距離をそれぞれ10kmとすると、面積は10km×10km＝100km²である。山や川、池を除いた面積はその70％であると仮定すると、100km²×0.7＝70km²となる。電信柱が50m間隔で立っているとすると、
　70km²÷（50m×50m）＝2.8万本となる。

　次は、人口から考えてみよう。この町の人口を10万人とする。この町にはマンションがなくすべて一戸建て住宅で、1世帯の人数を平均2人と仮定する。さらに3世帯からの電線が1本の電信柱に入っているとすると、電信柱の数は次のようになる。
　10万人÷2人÷3世帯＝1.7万本

　いずれも仮の条件なので計算の結果は異なるが、ここではそれは問題ではない。町の面積や人口を知っていることは「雑識」で、それらの情報を体系化し、組み合わせることで電信柱の本数を算出し、役立つ情報に昇華させる能力が「知識」である。

S(Safety) =安全管理	E(Ecology)＝環境管理			対応力
	自然環境	周辺環境	職場環境	親密力、調査力、提案力、表現力、交渉力
安全衛生管理計画 仮設図	自然環境管理計画（資源再利用計画、濁水処理計画など）	周辺環境管理計画（近隣対応計画、騒音・振動低減計画など）	職場環境管理計画（休憩所、レクリエーション計画など）	営業実施計画 近隣対応計画 協力会社対応計画
5S（整理、整頓、清掃、清潔、しつけ）の実施				
安全パトロール 現場巡視	計画の進ちょく確認			提案書や企画書の確認 交渉リハーサルの実施
	計画の見直し			提案書や企画書の見直し

二次元に分けて情報を知識に

「雑識」を「知識」にするには「分ける」ことが重要だ。「分かる」という言葉は複雑な事柄を「分ける」ことで細分化し、"見える化"することだ。

例えば1章の1で触れたように、現場代理人に必要な技術力は品質、原価、工程、安全、環境に分けられる。そのうちの環境は、自然環境、周辺環境、職場環境に分けられる。同様に、現場代理人に必要な対応力は親密力、調査力、提案力、表現力、交渉力に分けられる。このように複雑な事柄を細分化することで、頭の中で情報が体系化（見える化）されることを「分かる」と言う。

なお、抽象的、概念的な案件では、三つに分けるとよい。よく講演などで「その理由は三つあります。一つ目は…、二つ目は…、三つ目は…です」といった言い方をする人がいる。このように三つに分けて考えることで、本人も聞き手も理解しやすくなるのである。

細分化して分ける手法とともに、二次元に分ける方法もある。例えば現場代理人が実施すべき業務は、**図1-4**のように重要度と緊急度で四つの領域に

分けられる。Aには重要かつ緊急な業務、Bには重要だが緊急でない業務、Cには緊急だが重要でない業務、Dには重要でも緊急でもない業務がそれぞれ該当する。

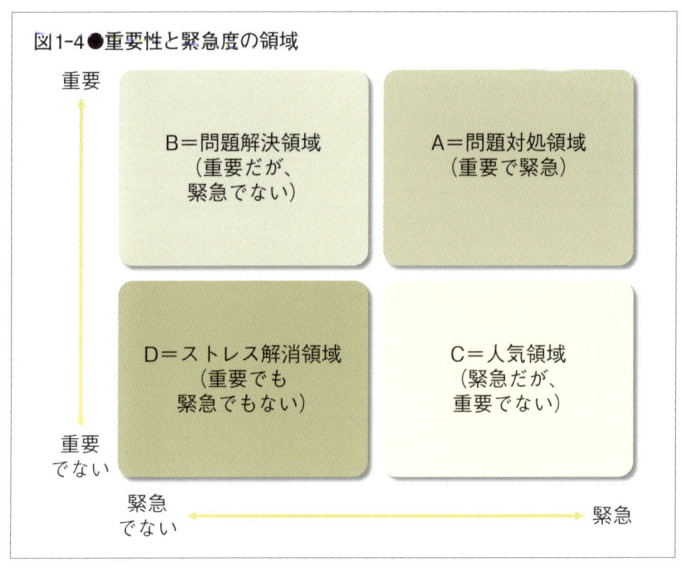

Aは「問題対処領域」と呼ばれ、作図や測量、現場での指示など、問題に対処している業務の領域だ。Bは目的を達成するために障害を克服しようと行動する領域で、「問題解決領域」と呼ばれる。資格試験のための勉強や読書のほか、人の話を聞いたり、ほかの現場を見学するなどが挙げられる。Cは「人気領域」と言い、ボーっとしたり、お酒やたばこをたしなんだりする。Dは「ストレス解消領域」で、衝動的な行動や言動の領域だ。普段どのような業務や行動をしているかを自ら分析することで、業務を見直すことができる。

現場代理人に必要な能力を、科学と技術の二次元に分けて考えることもできる（**図1-5**）。科学とは新しいものを生み出す力で、発明や発見とも言われる。それに対して技術とは、具体的に活用できるようにすることだ。何かの役に立たなければ技術とは言わない。

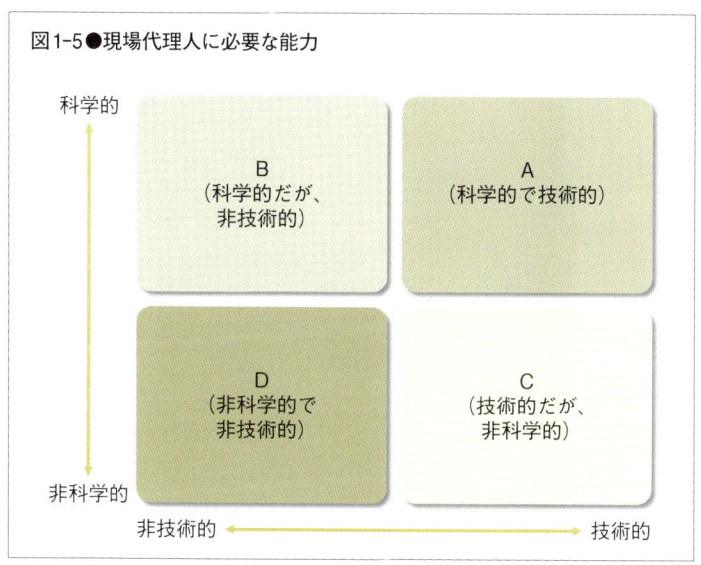

図1-5●現場代理人に必要な能力

　Aの人は科学的で技術的な能力の持ち主で、新たな発想を現場で実際に生かせる技術力を持っている。Bの人は新たに発想することはできるが、それを現場で役立たせることができない。Cの人は、発想は乏しいが具現化する能力がある。Dの人は、それらのいずれの能力も有していない。自分に必要な能力を知ることで、さらなるキャリアアップを図ることができる。

　会議での発言を本質的、具体的の二つの軸で整理することができる（次ページの図1-6）。Aの人は、その会議の目的の本質を外さず、しかも具体的に発言できる。Bの人は具体的だが、その会議の目的から外れたことを発言する。Cの人は、本質を外してはいないのだが、発言が抽象的で何を言っているのかがよくわからない。Dの人の発言は、参加者の時間を奪う発言だ。会議における自らの発言内容を整理することで、会議を活性化するための答えを導くことができる。

　様々な情報をこのように二次元に分けて整理することで、たくさんの情報を体系化して「雑識」を「知識」に変えることができるようになる。

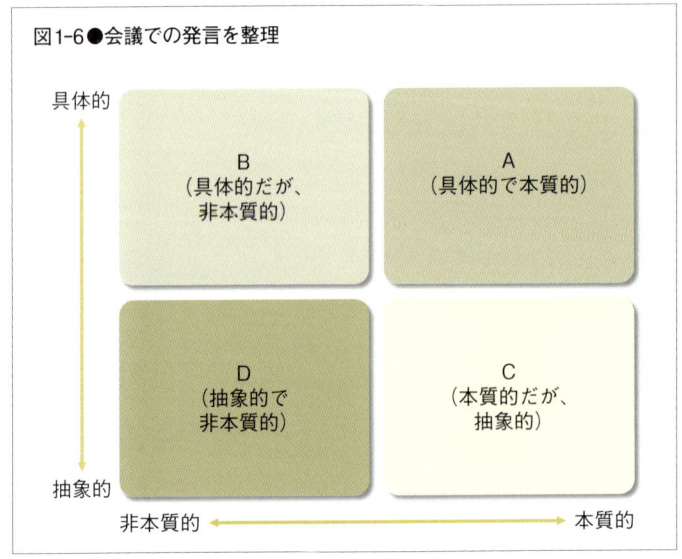

技術者には疑似体験の広さも必要

　では、体系化された「知識」を有していれば、良い現場がつくれるかといえばそうではない。「知識」を基に行動し、経験を積むことが大切だ。行動することで失敗をし、それを改善し続けることで「知識」が熟成される。その結果、それ以降は事前に先を読むことで、失敗を回避することのできる予知能力を身に付けることができる。これを「見識」と言う。

　「見識」を身に付けるために必要な経験は、「体験」と「疑似体験」とに分かれる。「体験」とは実際に自らが実施した内容であり、「疑似体験」とは次のように行動することだ。
　・人の話を聞く
　・現場を見る
　・読書をする

　さらに一歩踏み込み、一流の人や現場、本に接することで「見識」を飛躍的に高めることができる。ここでは、これらの三つについて一流との接し方を見てみよう。

（1）一流の人に会う

一流の人に出会い、そこから学ぶことは現場代理人として重要なことである。下の方々は、私が出会った人の中で人生に影響を受けた人たちである。

人生に影響を受けた人たち

牧田甚一さん

熊谷組の創業者で、一代で一部上場企業に育て上げた。私が熊谷組で働いているときには80歳を超えていた。しかし、休日になると、つえをつきながら奥さまと一緒に現場を訪問し、現場担当者に細かい指示をするのである。事務所で社員に「いつも苦労をかけるなあ」と言いながら小遣いを手渡してくれる。お昼になると、社員と一緒に昼食を取るのだが、ごちそうを出すと怒ったものだ。「俺はカレーがいい」と。

小山政彦さん

私は建設会社を退社し、ハタコンサルタント（株）を設立した。しかし、コンサルタントという職業については全くわからない。そこで、船井総合研究所の代表取締役社長（当時）である小山政彦さんに手紙で面談を申し入れた。そのとき、小山さんに教えていただいたことは「建設業に特化しなさい」、「生涯現場で働きなさい」の2点だった。そして面談の1週間後、小山さんから巻紙に書かれた手紙が届き、なんと私に対するお礼がしたためられていた。

田舞徳太郎さん

飲食店や人材育成会社である日本創造教育研究所を設立し、いずれも成功に導かれた実業家である。私は20歳代のころから教えを請い、「意思決定の時には、皆迷う。迷った時に前向きに意思決定する人が成功する」という可能思考、一度しかない人生をいかに悔いなく生きるかという人生観、経営者として社員さんや仕事を愛し大切にするという人間観、仕事観を学ばせていただいた。

鍵山秀三郎さん

私が運営しているNPO法人建設経営者倶楽部の講演会に、講師として招いたときのことだ。本をたくさん書き、上場企業であるイエローハットや「日本掃除に学ぶ会」を率いておられる方なので、さぞ大物だと緊張して待っていた。

会場の窓口に現れた。私は「こんにちは」と言って頭を下げた。そして、頭を上げるとなんとまだ鍵山さんは頭を下げておられる。慌てて再度頭を下げた。

「実るほど頭を下げる稲穂かな」をまさに実践している方である。

この人たちのほか、やずや元社長の矢頭美世子さん、バスケットボール部を33回全国優勝させた能代工業元バスケットボール部監督の加藤廣志さん、致知出版社社長の藤尾秀昭さん、サイボウズ社長の青野慶久さんなど、多くの一流の人たちに出会い、お話をさせていただき、学ばせていただいた。

　これらの人たちとどのようにしてコンタクトを取ったかというと、直筆の手紙を直接送る方法だ。自らの考えや理念、そしてお話ししたい目的などを、思いを込めて手紙に書く。一度や二度の手紙ではなかなかお会いすることができないが、5回以上出すとほとんどの場合、熱意が伝わり、お会いしていただける。一流の人たちから学ぶことは多い。

（2）一流のものを見る
　見識を身に付けるためには多くの現場を見なければならない。しかも、一流のものを見るべきだ。私は技術的に専門としていたダムやトンネルは当然のこととして、多くの建築構造物も実際に現地で見た。ヨーロッパやアメリカの建築物も多く見学した。

　現場を見せていただくには、現場に出向いて直談判をするのが最もよい。現場見学の目的とともに、学ばせてほしいという熱い気持ちを伝えると、ほとんどの場合、見せてもらうことができた。純粋に学びたいという気持ちを伝えれば、技術者の心は通じ合うのだと実感した。もちろん、紹介してもらえる人がいれば、その方がスムーズに見学させてもらえるので活用したい。

　さらには映画や絵画、演劇、スポーツなどを生で見ることや、旅行によって見聞を広めることも一流を見るということで学ぶことが多い。

（3）一流の本を読む
　私がこれまで触れてきた本のうち、特に影響を受けた本を右ページにまとめてみた。

影響を受けた主な書籍

例えば映画「黒部の太陽」を見て、私は土木技術者になることを決めた。そして、後に「黒部の太陽」（木本正次著、信濃毎日新聞社）を読んで土木技術者の真摯さに涙した。その後、「高熱隧道」（吉村昭著、新潮文庫）を読んで、トンネル工事や発電所工事の恐ろしさとそこで働く男たちの心意気を学んだ。

「無名碑」（曽野綾子著、講談社文庫）では、主人公の技術者に対して「名前は書かないのね。あなたの仕事は」と話す奥さんの言葉に対して「そうだよ、小説家とは違う」と言い、奥さんが「でも私たちの子供が覚えていてくれるでしょうね」と返した。まさに建設技術者の持つべき心構えを痛感した。

「剣岳　点の記」（新田次郎著、文藝春秋）では、これまで当たり前のように使用していた三角点が、いかに苦労して設置されたのかということを改めて実感し、建設業界で仕事ができていることの感謝の気持ちを感じた。

現場代理人として、若くても管理者として働かないといけないことに大いに悩んだ。そのときに巡り合った「人を動かす」と「道は開ける」（デールカーネギー著、創元社）は現場代理人としていかに人を動かすかについてのバイブルであり、今でも繰り返し読んでいる。さらにその後、独立開業し、経営者として仕事をし始めてからはマネジメントの父と言われているPFドラッカーの書をむさぼるように読んだ。多くの著書の中でも「現代の経営　上下」（PFドラッカー、ダイヤモンド社）は手放せない良書だ。

人を使うということは、その前に良き人間であらねばならない。それには「人間はいかに生きるべきか」という人間学を学ぶ必要があった。「修身教授録」（森信三著、致知出版社）は修身と呼ばれた戦前の道徳の授業を記録したものだが、その一言一言が重く、人間としての未熟さを思い知る。さらに1990年から現在に至るまで読み続けている月刊誌「致知」（致知出版社）からは毎月「格物致知」（ものにぶつかり体験してこそ知を得ることができる）の重要性と人間学の神髄を学び続けている。

本が良いことはわかっているが、なかなかその時間を確保できないという人も多いだろう。その人には「三上」の読書をお勧めする。

「三上」とは枕上、鞍上、厠上である。寝床に入ってから寝るまでの間、車や電車の中、トイレの中でそれぞれ読書する。つまり、すき間時間を使うということだ。

私が長年続けている習慣を紹介しよう。それは、毎日1ページを必ず読むことだ。熱が40℃出ていても、風邪をひいていても、お正月でも、旅行中

でも必ず1ページを読む。もちろん、調子が良いときには10ページ以上読み進めることがあるだろう。それを続けているうちに、私は最低でも毎週1冊、年間100冊程度の書籍を読むことができるようになった。

予知能力を身に付ける

世の中には、3種類の幹部がいると言われている。
(a) 問題が発生しても対策を考えない幹部
(b) 問題が発生してから対策を考える幹部
(c) 問題が発生する前に対策を考えている幹部

このうちの (a) は問題外で幹部でなく、企業の"患部"である。(b) は是正処置であり、やっていて当たり前だ。そして、(c) は予防処置で最も重要だが、なかなかできないものだ。

砂を口に含んで粗粒率を知る

私がダム工事を施工しているときのことだ。その現場にはバッチャープラント（コンクリート練り混ぜプラント）があった。そこではコンクリートの練り混ぜとともに、骨材の粗粒率（F.M.）なども試験していた。

バッチャープラントの責任者のTさんは、その道20年のベテランだ。ある日、私に「降籏君、この砂のF.M.はいくつかわかるか？」と聞く。

私が、「試験をするとわかりますが、試験をしないとわかりません」と答えると、Tさんは「ばかもん！　試験をしたらわかるに決まっているだろう。試験をせずに物性がわかってこそ、技術者だ！」と言う。「そこまで言うのならTさんはわかるのですか」と私が聞くと、Tさんはその砂を口に入れた。しばらくもぐもぐした後、ペッと吐き出して次のように言った。「F.M.は2.6だ」。

「どうしてそんなことがわかるのですか」と私が聞くと、Tさんは私が生涯忘れないことを話した。「私は、若いころから骨材の試験をしているが、いつも試験をせずに数値がわかる方法がないかと試していた。そして思いついたのが、口に含んで舌触りでF.M.を知る方法だ。試験をした後、必ず砂を口に含み、その数値と舌触りとを比べる。何度も何度も繰り返すうちに、舌触りだけでF.M.がわかるようになったんだ」。

その後、実際に試験をしてみると、驚くことにTさんが言ったとおりF.M.は2.6だったのである。このように同じ体験をしていても、向上心を持って取り組まなければ「見識」を身に付けることはできない。

しかし、現場代理人は、「過去」に身に付けた施工知識によって、「未来」に発生するであろう問題点を予知し、「現在」施工している現場でその発生する問題を解決することが、使命である。つまり、将来に起こるであろう問題を予知する能力が欠かせない。これが「見識」に当たる。

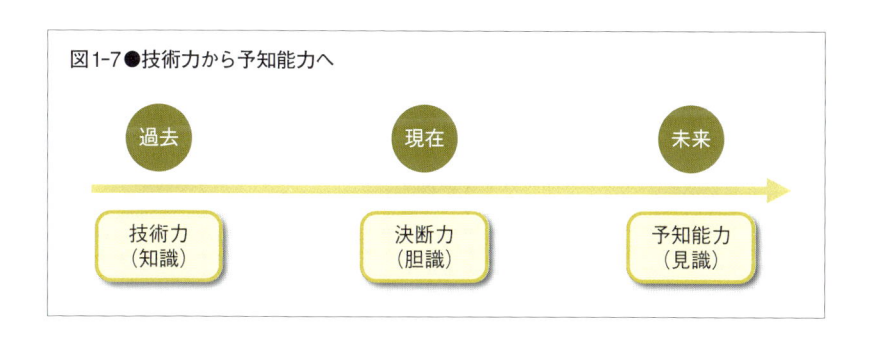

図1-7●技術力から予知能力へ

過去 → 現在 → 未来

- 技術力（知識）
- 決断力（胆識）
- 予知能力（見識）

図1-8●砂の粗粒率を調べる

「ふるい試験をして砂の粗粒率（FM）を算出しよう」

「FMは2.6だ。ふるい試験をしなくても概算値がわかるようになってこそ技術者だ！」

（イラスト：渋谷　秀樹）

(1) 問題点の予知

まずは、その現場でどのような問題が発生するかを予測する。そのためには、多くの体験や疑似体験が欠かせない。問題点は、以下のように分類するのがよい。

・管理区分：品質、原価、工程、安全、環境
・時間軸：定常時（工程に沿って）、非定常時（修理、点検、ミスの発生時など）、緊急時（自然災害、労働災害、環境災害など）

(2) 問題点の評価

次に、その現場にとってどの問題点が重要なのかを評価する。評価に当たっては、以下の2点を考慮する。

・重大性：その問題が起こることによる影響度
・可能性：その問題が起こる頻度

(3) 問題点を課題にして対策を立案

その問題の原因を把握し、原因を除去するための対策を立案する。

演習　この作業で問題になりそうなことは？

現場に移動式クレーンを設置して、鉄骨の据え付け作業を行う。この作業において今後、問題となりそうなことは何だろうか。課題予知シートを用いて評価してみよう。

図1-9●移動式クレーンによる鉄骨の据え付け作業のイメージ

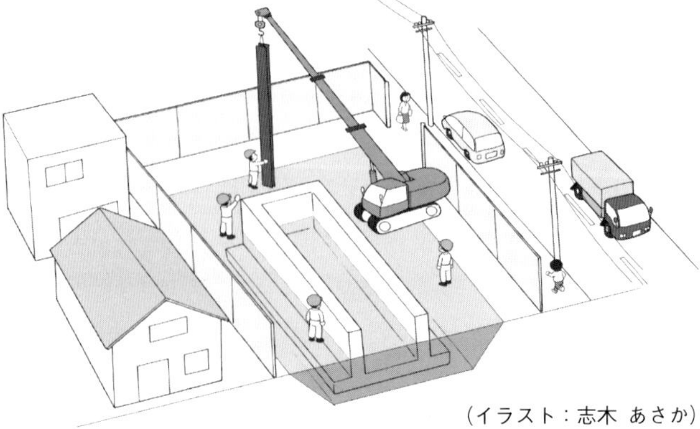

（イラスト：志木 あさか）

課題予知シートでは、重大性と可能性は3、2、1の3段階で評価する。相対的に評価点が高い問題に対して、対策を立案する。

表1-7●課題予知シートの記入例

工程	作業内容	項目	予想される問題点	重大性	可能性	評価	防止対策	実施責任者
鉄骨組み	鉄骨据え付け	品質	鉄骨加工精度が悪く、据え付け精度が確保できない	3	2	6	工場出荷前に精度の検査を行う	
		原価	鋼材価格の高騰によって、予算をオーバーする	3	3	9	着工3カ月前に鋼材を予約する	
		工程	天候不順のため工期が遅延する	3	1	3	予定工期を2週間早めるよう進ちょく管理する	
		安全	吊り荷に接触してけがをする	3	2	6	クレーンの作業半径内に立ち入り禁止の処置を取る	
		自然環境	重機から油が漏れて土壌を汚染する	2	2	4	重機の日常点検を実施する	
		周辺環境	吊り上げた鋼材が電線や隣家に接触する	3	3	9	鋼材に介錯ロープを付けて吊り上げる	
		職場環境	現場内に休憩施設が確保できない	2	1	2	近所に賃貸スペースを確保する	

変化への対応力が大事

　「見識」があり、予知能力を発揮して予知していたとしても、思いもよらぬことが起きるのが現場である。現場代理人は、現場で起こる不足の事態に対しても、適切に対応しないといけない。これを「胆識」と言う。

　それでは、現場代理人が変化に適切に対応する力（変化対応力）を身に付けるにはどうすればよいのだろうか。昔からこの能力のことをKKD（経験と勘と度胸）と言う。この三つはいつの時代でも必要だ。

（1）経験
　前述したように、経験を構成する体験と疑似体験を積まなければならない。

(2) 勘＝ピンとくる力

「あれっ、おかしいぞ」と感じる力である。そのためには五感（視覚、聴覚、味覚、臭覚、触覚）をフル稼働させないといけない。

- ・視覚＝作業員の表情や土の色、風景などを見て変化に気づく能力
- ・聴覚＝機械の音や風の音、雨音などを聞いて変化に気づく能力
- ・味覚＝砂を口に含み、味と舌触りで粗粒率（F.M.）がわかるなどの能力
- ・臭覚＝風のにおいで気候の変化を感じたり、機械の油のにおいで異状に気づいたりする能力
- ・触覚＝土やコンクリート、鉄、樹脂などに触れて異状を感じる能力

例えば、杭打ち作業をしているケースでは、「杭の位置がおかしいぞ。隣接地との距離はもっと広かったはずだ。設計図と施工図をチェックしてみよう」と気づき、図面をチェックすると、「施工図が間違っているために、杭の位置がずれているな。施工中止だ」と判断できる。

(3) 度胸＝決断力

決断とはその字の通り「決定」することと、「断つ」ことである。

- ・決定＝現場代理人は決定しないといけない。決定したことによるリスクよりも決定しないことによるリスクが大きいことを知らないといけない
- ・断つ＝現場代理人には「やめる」ことや「捨てる」ことが重要である。何かをやめないと何かを始めることができないからだ

結論から考えて決断

決断とは、これまで得た「知識」や「見識」を基にして、決定することである。前項では「勘」で決断すると書いたが、実際はどのようにして考えるとよいのだろうか。

フェルミ推定という言葉がある。前述した「電柱は何本あるか」や「シカゴにピアノ調教師は何人いるか」、「世界中で食べられるピザは何枚か」など

と、容易には算出できない問題でも瞬時に答えを出すことである。これらの答えを「知識」として持っている人はいないだろう。「知識」と「見識」を活用して、ある推定をしながらそれらを組み合わせ、「瞬時に考える」ことで決断するのだ。

　現場代理人が決断力を身に付けるためには、この能力が欠かせない。簡単には答えが出ないことについて、現場で「どうしましょうか」と質問されることがある。例えば「（経験のない工種について）何日の工期がかかるか」、「この施工法でいいのか。ほかに良い方法はないのか」、「宿舎の大きさは何坪必要か」、「現場に必要なトイレの個数は」、「仮設道路の幅や曲線半径はどうすればいい」などだ。それらに対して、「瞬時に考えて」答えを導き出す能力が決断力だ。

　そのためには、①結論から考える、②全体像を考える、③単純化して考える——ことが必要だ。

（1）結論から考える

　結論としてどうあるべきかと仮説を立てて、それに必要な情報を集めてその仮説を実証する。反対は、情報を積み上げて結論を出す方法だ。例えば、行列のできている店で、客から「どれくらいの待ち時間がかかりますか」と聞かれたとしよう。客は並ぶべきか、やめるべきかの判断をしたいので、10分なのか1時間なのか2時間なのかを知りたい。それに合った返答をするのが正解だ。ところが、店員が正確に答えようとするあまりに「ちょっと待ってください」と言って詳細な計算を始めるのは、客の目的に沿っていない。

（2）全体像を考える

　部分的ではなく、全体像を思い浮かべながら考える。行列の待ち時間を聞かれたら、目の前の人波だけを見て答えるのではなく、あたかもヘリコプターで上空から行列を見ているような気持ちで、並んでいる人数を考えるのだ。例えば、ある地点まで並ぶと何人になるかと想定するのである。

（3）単純化して考える

　複雑な事象でも単純に考えることで、瞬時に答えを出すことができる。行列の待ち時間を聞かれたときの対応で言うと、店の1人当たりの処理時間を想定し、1時間当たり何人処理できるのかを算出。並んでいる人数を、1時間当たりの処理人数で割ると答えが出る。例えば、受け付けから精算までの時間を1分とすると、60分÷1分＝60人が1時間に処理できる人数であり、50人が並んでいるとすると、50人÷60人＝0.8時間（約50分）が待ち時間となる。

　ここで、「大規模な工事現場にトイレを何カ所設置する必要があるか」について、決断を迫られた場合を考えてみよう。トイレの最適な個数とは、その時点で働いている作業員が待ち時間なくトイレを利用できることと仮定する。

　まず、どの時点でトイレが最も混雑するかを考える。おそらく昼の休憩前だろう。この時点で混雑すると昼の休憩が短くなり、作業員の不満が高まる。作業員がどのような方法で昼食を食べるかと言えば、①休憩所で食べる、②外に食べに行く、③自分の車で食べる、の三つだろう。このそれぞれに対応した比率を例えば50％、30％、20％と、これまでの経験から算出する。さらに、どれくらいの待ち時間を作業員が許容できるかも想定する。

　ピーク時の作業員数を200人とし、先に想定した比率を考えると、現場のトイレを集中して使用するのは①の休憩所で食べる人なので、200人×50％＝100人となる。そのうちの半数の人が、昼休み前に、残りの人は昼食後にトイレをそれぞれ使用すると考えると、昼食前にトイレを使用する人は100人×0.5＝50人だ。1人当たりのトイレの使用時間を1分間とし、許容できる待ち時間を5分間とすれば以下のようになる。
　50人÷（5分÷1分）＝10カ所
　つまり、10カ所のトイレを設置するとよいことになる。

　このように、結論から全体像を想定し、単純化して考えることで、瞬時に

決断できるようになる。

　そうはいっても、予測できないことが発生するのが現場の常である。そんなときでも、現場代理人は何があろうと動じてはいけない。現場代理人はあえて険しい道を行き、部下や作業員には楽な道を行かせてあげることが大切だ。そして、現場で一番大きな問題に挑む。現場代理人が逃げたり、人のせいにしたりしてはいけない。

　何があろうと動じないために、そのときの態度や話す言葉を準備し、練習しておくとよい。準備しないまま対応すると気が動転していてオロオロし、何をすればよいのかわからないので初動が遅れてしまう。リーダーの堂々とした態度で語る第一声こそが、作業員や社員を安心させ、落ち着いた応対を促すことができるのだ。

　第一声の対応事例を以下に示す。

図1-10●問題が発生しても動じない

処理は私に任せなさい
それより、お客様に
おいしいコーヒーを
入れてあげなさい

たいへんです
現場に車が
突っこんできました

担当者　　　現場代理人

（イラスト：渋谷　秀樹）

- 大問題が発生。「大変なことが起きました」
 ➡「さあ、おれの出番だ、」➡「おれが解決する」➡「おれに任せろ」と、逃げない姿勢を示す

- 労働災害が発生。「○○さんがけがをしました」
 ➡「○○さんへの対処が最優先だ」と、弱い人のことを最優先する

- 問題が発生。「大変です。現場にクマが出ました」
 ➡「みんな、死んだふりしろ」と、ジョークで緊張を和らげる

- 問題が発生。「たいへんです。現場に車が突っ込んできました」
 ➡「お客様においしいコーヒーを入れてあげなさい」と、ジョークで緊張を和らげる

つまり、技術力や対応力、管理力を立体的に深めるうえで、現場代理人には雑然とした情報を体系化する「知識」、それを実行、行動することで先読みして対策を打つことのできる「見識」、そして変化に対応して決断する「胆識」が必要なのである。

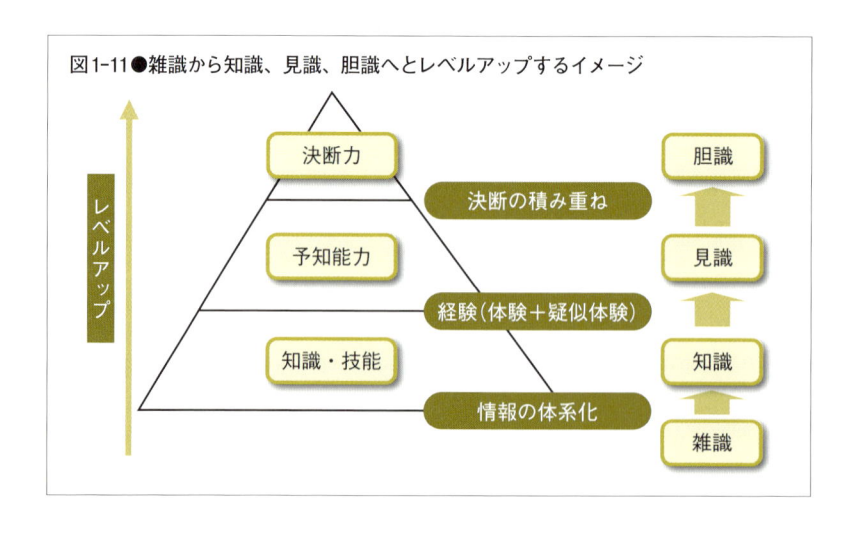

図1-11●雑識から知識、見識、胆識へとレベルアップするイメージ

コンクリート打設にも必要な「胆識」

　コンクリート打設において、現場代理人が悩むのは降雨によって打設を中止するか継続するかの決断だ。空を眺めて、打設すべきか否かを考え込んでいる技術者が多いことだろう。

　まずは、どれほどの降雨量であればコンクリートの品質を守るという観点で打設してもよいだろうか。そのリミットは5mm/時間である。5mm/時間を超えるとコンクリートの打設中に雨による水分を除去しきれず、コンクリートの水セメント比に悪影響を及ぼす。

　では、今降っている降雨強度が5mm/時間かどうかをどのようにして判断すればよいのだろうか。私は若いころ上司から「雨が降っているときに、上を向いて目を開けていることができれば降雨強度は5mm/時間以下だ」と教えられた。

　コンクリートの打設が可能な降雨強度5mm/時間を知っていることが「知識」であり、上を向いて目を開けていることができれば5mm/時間以下であることを体得していることを「見識」と言い、それらを基にコンクリート打設を決断することができる能力を「胆識」と言う。

写真1-4●決断力が求められるコンクリート打設

（写真：奥村組土木興業）

4 能力を熱意で引き出す

　第1章の1で、成果は「能力」と「熱意」と「考え方」の積で決まると書いた。ここではいかにして自らの熱意を高めるかについて、考えてみよう。

　能力には、顕在能力と潜在能力がある。氷山の一角の例えのように、人の能力はその大半が水面下で潜在化しているといわれている。「火事場の馬鹿力」がそのよい例だ。火事という緊急事態になると、普段はとても持てないような家具を運んでしまうような力が発揮される。これが潜在能力だ。緊急事態でなくても、潜在化している能力を自らの意思でいかにして顕在化するかが、成果を出す現場代理人になるためのカギである。

　能力と熱意をそれぞれ10点満点とすると、能力が満点の10点でも熱意が最低の1点であれば、成果はその積の10点だ。しかし、能力が5点でも、熱意が満点の10点であれば成果は50点となり、前述の例の5倍の成果を出すことができる。能力がいくら高くてもそれを引き出さなくては成果にはつながらない。つまり、熱意が能力を引き出しているのである。

　「ノミの実験」という話がある。1mの高さまで飛ぶことのできるノミに高さ30cmのふたをかぶせた。すると、ノミが飛ぼうとしても、そのふたにぶつかって30cmの高さまでしか飛ぶことができない。二度、三度とチャレンジするうちに、ノミはもはや1m飛ぶことを諦めてしまい、30cmしか飛ばなくなる。

　その後、30cmのふたを外してもそのノミは30cmしか飛べなくなっているという実験だ。ノミには1m飛ぶ能力があるにもかかわらず、押さえつけられた経験があるとその能力が潜在化してしまうのである。

図1-12●ノミの実験

気持ちいいなあ

障害にあたってうまく飛べなくなっちゃった

もう障害がないのに怖くて飛べなくなっちゃった

（イラスト：渋谷 秀樹）

　このことは、人でも同じことが言える。子供のころは元気よく、なんでもチャレンジするのだが、両親や先生にしかられたり、友達に笑われたりするとチャレンジすることをやめてしまう。自分の持っている能力を出し切れないまま大人になってしまう。

短期で成果が上がるのは外的刺激

　ではどうすれば、熱意を高めることで潜在能力を顕在化し、成果を出すことができるのだろうか。

　仮に自らがノミであると考えてみよう。どうすればいったん失った自信を回復し、本来の自らの力を100％発揮することができるのだろうか。ノミが本来の能力である1mの高さまで飛ぶことができるようになるには、どうすればよいのだろうか。

まずは自らに外的刺激を与え、無理やり1m飛ぶようにしむけることである。これはアメとムチ式と言われ、アメ（報酬、ご褒美など）やムチ（しかられる、殴られるなど）を受けることによって、やむを得ず自らの力を発揮させるということだ。

　本来の能力はあるので、外的刺激を受けることで一度失った自信がよみがえり、再び飛ぶことができるようになる。ノミの場合に例えれば、1m上に餌をぶら下げる。ノミは餌につられて、餌をめがけて飛ぶようになる。

　または、以前よりも低く飛んだときに電気ショックを与える方法がある。30cm飛んでいるノミが30cm以上飛んだときには何もしないが、例えばいったん35cm飛んだノミがその後34cmしか飛ばないと、電気ショックを与えるわけだ。ノミは電気ショックが怖くて少しでも高く飛ぼうとする。

　外的刺激は短期で成果が上がる有効な方法である。人が本来持っている欲求に直接、働きかけるからだ。成果報酬制度の会社に入社することは、アメならぬ高い報酬を求めて自らにムチを打ってがんばる動機付けになる。または、少しでも給料の高い会社に転職することで自らのモチベーションを保つことができるだろう。

　スポーツ選手や企業経営者の中には「コーチ」を求める人がいる。「コーチ」とは、様々な質問という外的刺激を与えることでその人が本来持っている素晴らしさに気づくように働きかける人のことだ。「コーチ」から投げかけられる質問に答えることで、問題に対する回答を自ら見つけ出すことができ、意欲をかき立てることができるのだ。

　さらに、厳しい師の下に弟子入りすることは、ムチを自ら求めることだ。自分をしかってくれる親や学校の先生、そして上司、あえて苦言を呈してくれる仲間の存在は、自らの熱意を高めるためには欠かせない外的刺激である。

内的刺激に不可欠な動機付け

　次に、自ら「やりたい」と思うようになることで高く飛べるようになる方法がある。では、どうすれば自ら「やりたい」と思うようになるのだろうか。それは、1m飛んでいるノミの近くに行くことである。そうすると気持ち良さそうに1m飛んでいるノミを見て、「僕も飛びたい」と思う。忘れかけていた飛び方を思い出し、チャレンジするのである。

　さらに、2m飛んでいるノミの近くに連れていくと2m飛ぶことができるノミもいるという。これらの方法は、自ら気持ちを刺激することで能力を引き出そうとするので、内的動機付けと呼ぶ。内的刺激を自らに与える方法には以下の三つがある。

（1）自身に暗示をかける
　潜在能力を開発するためには、自己暗示の力が大きいといわれている。そのためには次の三つが重要である。
　・ある考え方を素直に受け入れる
　・その考えに確固たる信念を持つ
　・その考えを無意識下に内包させる

　アメリカのオバマ大統領は「Yes We Can」と言い続けた。この言葉を連呼することで、国民を鼓舞することができ、同時に自らを動機付けすることもできたことだろう。

　「われわれはできる」という考え方を受け入れ、信念を持つことで、その考え方を自らの体内に浸透させることができるのである。オバマ大統領の熱意あふれる表情はそのことを証明している。

（2）夢や目標を具体的にする
　潜在意識を最大限活用するためには、自らの夢や目標を具体的な形ではっきりさせることが重要だ。ワタミ創業者の渡邉美樹さんが「夢に日付を入れよ」と言っているように「〇年〇月〇日に〇〇の資格を取得する」、「〇年〇

月○日までに貯金を○円にする」という形で夢や目標を明確にすると熱意が高まるものだ。

　さらには、それをビジュアル化してもよい。潜在意識は、言葉や論理よりも写真や絵、イラストや図表などのビジュアルイメージで働きかける方が有効なのである。

（3）自らに投資する

　一流の人や本に出会うことで自らを動機付けすることができる。先に述べたように、1m飛んでいるノミの近くに他のノミが行くということは、自らライバルを求めているということだ。

　そのためには自己投資は欠かせない。少なくても、収入の5〜10％の金額は自己投資しよう。さらに、最低でも1日に1〜2時間は勉強のために時間を使おう。そして、異業種交流会に積極的に参加し、見知らぬ多くの人と出会うことも大切だ。

　私は10年以上前から異業種交流会を主宰している。スピーカーを招き、そのお話を聞いた後、参加者みんなで意見交換する。スピーカーの話が呼び水になって、参加した人たちとの会話が弾む。異業種交流会に参加しようとする人たちは意識のレベルが高いので、大いに刺激を受けて熱意が高まり、明日からの意欲につながるのだ。異業種交流会は各地で開催されている。ぜひ積極的に参加してほしい。

5 「正しい考え方」に学ぶ

　成果は「能力」と「熱意」、「考え方」の積で決まり、前の節ではそれらのうちから「熱意」を取り上げた。1章の5では、もう一つの重要な要素である「考え方」に着目する。自らの考え方をいかにして正しい方向に向けるかについて、考えてみよう。

　能力や熱意が10段階だと仮定すると、考え方はマイナス10点からプラス10点までの20段階ある。プラスの考え方とマイナスの考え方とはどういうものだろうか。

　例えば、自分のことより相手のことを考える思いやりのある人はプラスの考え方で、自分よりも相手のことを大切にする。現場のトイレを掃除したり、困っている人の仕事を手伝ったりする。一方、自分勝手な人はマイナスの考え方だ。我先に電車に乗ったり、自分の仕事が最優先だったりで自分の得になることしかしない。

　さらに、目の前の課題に対してできる方法を考えようとする人はプラスの考え方で、できない言い訳を考える人はマイナスの考え方だ。プラスの考え方の持ち主は、もっといい方法はないのかと新たな方法で仕事をしてチャレンジしようとする。マイナスの考え方の持ち主は、これまで通りの方法でしか仕事を行わず、壁にぶつかるとあきらめてしまう。

　このように、考え方にはプラスとマイナスがある。プラスの考え方を持ち、それに沿って行動していると誰かが応援してくれるようになる。1人の力は小さいが、多くの人が応援してくれるような考え方の持ち主は、結果として多くの力を得ることができ、成果を出すことができるのである。

現場代理人が実践すべき八つの徳

　日本人が正しいとする考え方の基礎は、中国古来の考え方によっている

が、日本人は日本の風土に応じて独自の流儀を作り上げている。共同生活をする社交性を持った人間は、儒教でいう「五常」、つまり人間である以上は常に守るべき五つの道（徳）を守っている。仁、義、礼、智、信がそれである。

> **五常＝常に守るべき五つの道**
> 仁＝他を思いやる心情、忠恕、親切、尊重、慈悲、従順、仁愛、愛情
> 義＝人間の行動に対する筋道、普遍的正義、平等、公正、清廉、不善を恥じてにくむ羞悪（しゅうお）の心
> 礼＝集団生活においてお互いが協調して調和する秩序、敬（うやまう）、謝（感謝）、謙（へりくだる）、譲（ゆずる）、和（仲良く助け合う）
> 智＝人間がより良い生活をするために出すべき知恵、善悪を弁別する是非の心、物の道理を知り正しい判断を下すこと、学問に励むこと
> 信＝自分の発言を実行すること、言明をたがえないこと、真実を告げること、約束を守ること

さらに「五常」は、人間の相互関係から5種類の道徳「五倫」に分け、その徳を守ることを求めている。

> **五倫＝人間の相互関係からみた五つの道徳**
> 義＝主君と部下の人間関係
> 親＝父と子の人間関係
> 別＝夫と妻の人間関係
> 序＝兄と弟、目上と目下、老人と若者の人間関係
> 信＝同輩、仲間同士、朋友の人間関係

これら「五常」のうち、「仁」をさらに細分化して「忠」、「孝」、「悌（てい）」という考え方がある。「仁」とは他への思いやりの心だが、それを自分に向けると「忠」、親に向けると「孝」、兄弟姉妹に向けると「悌」となる。さらに「孝」は縦の人間関係、「悌」は横の人間関係ともいわれている。

滝沢馬琴は「南総里見八犬伝」において、これらを合わせて「仁義礼智忠信孝悌」と呼んだ。これを八つの徳という。

> ### 「仁」を三つに分けて考える
> 忠＝自らに向ける「仁」の心、権力者に忠誠を尽くす、自分の欲求を調節して正しい心を持続する働きを持つための心持ち、努力、誠実さ
> 孝＝上下関係の「仁」の心、親と子が双方から慈しみ合い、力を合わせていたわり合い、助け合う姿、上司や目上に対する行動や態度
> 悌＝横の関係の「仁」の心、兄弟姉妹に対する友愛の感情、部下や目下、仲間に対する行動や態度

　現場代理人とは、現場における経営者の代理者であり、人間関係を最も重視しなければならない立場にある。よって、これら八つの徳を実践してこそ、成果の上がる現場代理人となりうるのである。

> ### 「仁」の考え方と行動が運を招く
> 　私が、飛行機のキャビンアテンダント（CA）に聞いた話である。飛行機にはエコノミークラス、ビジネスクラス、ファーストクラスのランクがある。正規の割引料金を考慮した場合、エコノミークラスの料金を1とするとビジネスクラスの料金は5、ファーストクラスの料金は20と大きく異なる。CAは「エコノミークラスのトイレとファーストクラスのトイレとは様子が異なるのです」と言う。何が違うのかと尋ねると次のように言った。「エコノミークラスのトイレは、お客様が手を洗った水でいつも濡れているので、頻繁にCAが清掃に入らなければなりません。ところが、ファーストクラスのトイレは、お客様が必ず拭いて出られるので、CAは清掃をする必要がほとんどないのです」。
> 　次は、ホテルの客室係の人に聞いた話である。そのホテルには1室1万円程度の部屋から20万円程度のスイートルームまである。客室係の人は「1万円の部屋とスイートルームとは、お客様が出て行かれた後の様子が全く異なります」と言う。どう違うのかと聞けば次のように答えた。
> 　「お客様が出て行かれた後、1万円の部屋はシーツがめくれ上がり、寝間着が乱れて置いてあり、洗面所は水でビチャビチャ、せっけんやシャンプーなどの備品はそのほとんどがなくなっています。ところが、スイートルームではシーツはほぼ元通りになっています。本当にお休みなったのかと疑うほどの美しさです。寝間着はきちんと畳んであり、洗面所はきれいに拭いてあります。せっけんなどの備品は最小限しか使用されておらず、手つかずのことが多いです」。
> 　これらの例でわかることは、後の人のことを思ってトイレをきれいに使ったりホテルに丁寧に泊まったりするような習慣を持つ人が、結果としてファーストクラスやスイートルームを使える身分や地位になっているということだ。

他人のことを思う心を「仁」と言い、「仁」の考え方で行動している人には、多くの人が応援する。これを「運が良い」と言う人がいるが、「仁」の考え方と行動こそが「運」を招くのである。たくさんの力を得て、成果を出すのだろう。

> ### 「義」を貫く建設業に安心感
> 　顧客からの指名で向こう3年間、仕事が埋まっている大工がいる。この大工のDさんは「私は特別なことは何もしていない。当たり前のことをコツコツとしているだけ」と言う。では、なぜ顧客はDさんに仕事をしてもらいたいのだろうか。
> 　ある住宅の建築工事をしていたときのことだ。Dさんの部下であるEさんがパネルをくぎで打ち付ける作業をしていた。施工後、Dさんが確認すると、Eさんは本来使用すべき真ちゅうのくぎではなく、どぶ付けメッキのくぎを使っていた。真ちゅうのくぎの値段はどぶ付けメッキのくぎの3倍程度と高価だが、Dさんは重要なポイントには真ちゅうのくぎを使うようにしていた。これはDさんのプロとしてのこだわりだ。
> 　多くのパネルをはがすことになるので顧客が心配するだろうと思い、Dさんは顧客に事前に説明した。「お客様、このパネルは本来真ちゅうのくぎを使うべきところですが、どぶ付けメッキのくぎを使用してしまいました。長期的な信頼性に問題があるのです。これからパネルをはがして張り替えます。ご了承ください」。
> 　顧客は、このようなDさんのプロとしてのこだわりや職業的倫理感にほれこむのだろう。このような心がけを「義」という。「義」を貫くことで人は安心感を抱くものだ。建設業には安心感は欠かせない。

　一方、「智」とは知恵を持っていることと同時に、学問に励み、学び続けることを意味する。資格を取得したから学ぶことを終えるのではなく、資格を取得することでスタート地点に立ったと考え、それから学び始める人を「智の人」と呼ぶ。

> ### トランシットにも「礼」の気持ちを
>
> 　シアトルマリナーズのイチロー選手は、子供たちに次のように伝えている。「野球がうまくなりたければ、道具を大切にすることだよ。例えば、バットを地面に付けたままにしていると、バットが地面の水分を吸い、何百分の一かもしれないけれど、精度が狂うんだ。いいバッティングをしようとすると、まずは道具を大切にすることが一番だ」。これは、道具に対する「礼」の気持ちを表すイチロー選手流の表現だろう。
> 　私が若いときにも先輩に、トランシットやレベルを常に両手で抱き抱えないとしかられたものだ。車の座席に置いただけでも大声で怒鳴られた。「道具を粗末にする者にいい仕事はできないぞ」。
> 　こういうこともあった。ダム工事を進めていたときのことだ。ダムサイト近くに、鳥居と小さな祠があった。山を守ってくれている山の神とのことだった。「そこに毎月1日と15日にお参りをしてお神酒を奉納することが君の仕事だ」と上司から命じられた。私はその意味がわからず、奉納することを時々失念した。その都度、上司から烈火のごとくしかられた。
> 　「私たちは、山や川などの自然に対峙（たいじ）することが仕事だ。山や川に対する感謝の気持ちや尊敬の念がなければ必ずしっぺ返しがくるぞ。山の神様に守っていただいていることや、それに対する感謝の気持ちを忘れてはいけない」。
> 　感謝や尊敬という「礼」の気持ちを、人に向けることは当然のこととして、物や形のないものに対しても向けなければいけない。

他人に話して有言実行に

「信」とは約束を守ることである。納期や工期などの他人との約束を守る人は、信頼や信用を得ることができる。しかし、どうしても納期を守れそうにない事情もあるだろう。そんなとき、あなたなら以下の二つの選択肢のうち、どちらを選ぶだろうか。

(a) 納期に遅れるが、100％の出来栄えで提出する
(b) 80％の出来栄えだが、納期を守って提出する

　正解は（b）である。たとえ出来栄えが不十分であっても、納期や工期を厳守しなければ「信」の考え方や行動とは言えない。

　他人との約束を守ること以上に難しいことが、自分との約束を守ること

だ。資格試験を受験するために、明日から毎朝5時に起床して勉強しようと自分と約束したとしよう。しかし、翌朝になると「昨夜は仕事で遅かったので明日からにしよう」となる。翌日になると「今月は工事が忙しいから来月にしよう」、翌月になると「今年は暦が悪いので来年にしよう」。そして、ついに「今世では無理だから来世にしよう」……。

自分との約束を守る人は「自信」が付く。ところが、いろいろと理由を付けて自分との約束を守らない人が多い。それは自分以外、誰もその約束を知らないからだ。だから、自分との約束を人に話して、自分との約束を他人との約束に変える。不言実行ではなく有言実行にするのである。

ちなみに、始業時間3時間前に起床することを早起き、4時間前に起床することを超早起きと言う。超早起きをすると夢や目標にその分早く到達することができる。ぜひチャレンジしてほしい。

まずは正しい行動から

正しい考え方に基づいた正しい行動をしてこそ、成果が上がる。しかし、正しい考え方をしているからといって、正しい行動を実践しているとは限らないし、正しい考え方を持っていないが、行動は正しい人もいる。

そこで、図1-13に示すように考え方と行動を二次元で考える。

Aは正しい考え方に基づいて正しい行動を取る人だ。最も理想的な人である。言行一致の人とも言う。Bは正しい考え方をしているが、行動は正しくない人だ。ここには、正しくない行動を積極的にしている人に加えて、正しい行動をしない人も含まれる。

例えば口では理想論を話しているが、それを実践していない人である。思いやりの心が大切だと言いながら、席を譲れない人である。さらに、人に対する感謝の気持ちを持っているが、「ありがとう」と言わない人である。

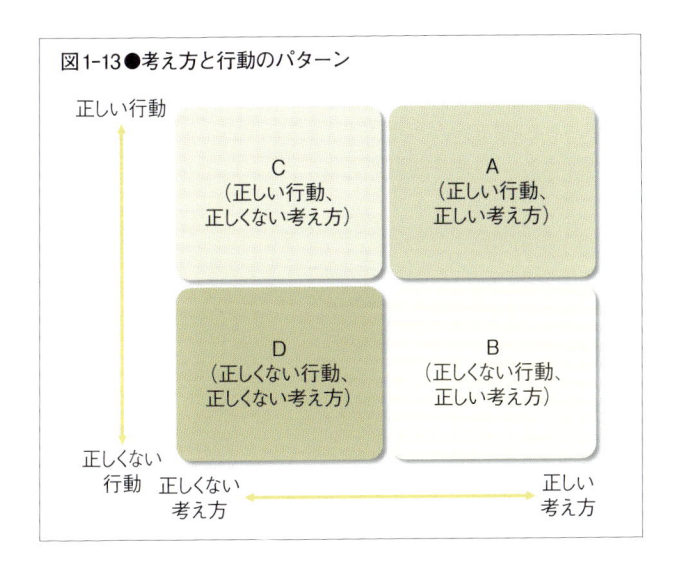

図1-13 ●考え方と行動のパターン

```
正しい行動
　　　　　C　　　　　　　A
　　（正しい行動、　　（正しい行動、
　　正しくない考え方）　正しい考え方）

　　　　　D　　　　　　　B
　　（正しくない行動、　（正しくない行動、
　　正しくない考え方）　正しい考え方）
正しくない
　行動　　正しくない　　　　　　　正しい
　　　　　考え方　　　　　　　　　考え方
```

　Cは考え方が正しくないが、行動は正しい人だ。例えば受注に有利だからと考え、公園や道路の掃除をする人だ。

　極論を言うと、Bは清い心を持っているが殺人をしてしまった人、Cは利己的な心を持っているが人助けをした人である。

　現実に世の中から評価されるのは、行動が正しいCの人だ。いくら正しい考え方をしていても行動が正しくないBの人は、残念ながら評価されない。

　小さな子供はD、つまり考え方が正しくなく、正しい行動もしておらず利己的で人のことを考えない行動を取りがちである。電車の中で騒いだり、席を独占して遊んだりする。そんなとき、お父さんやお母さんが、「席を譲りなさい」、「ありがとうと言いなさい」、「お手伝いをしなさい」としつけると嫌々ながら正しい行動をするようになる。つまりDからCになる。

　そうすると、「僕、席をゆずってえらいね」、「ありがとうと言えてすごいね」、「手伝ってくれてありがとう」と大人に言われるようになり、とてもうれしくなる。

そのうちに、他人のことを思って行動することは自分にとっても気持ちいいということに気づき、正しい考え方、つまりCからAになるのだ。これがしつけである。たとえ動機が不純でも、正しい行動が正しい考え方の基になるのである。リーダーである現場代理人は、まずは正しい行動を率先して行い、他にも影響力を与えられるように動きたいものだ。

ここまで書いたように、現場代理人は正しい考え方を知ったうえで、正しい行動を取らなければならない。正しい考え方になれないとしても、まずは正しい行動から始めるべきだ。

表1-8●八つの徳に基づいた行動のチェックリスト

	内容	プラスの行動事例	マイナスの行動事例	○、△、×
仁	・他を思いやる心情 ・忠恕、親切、尊重、慈悲、従順、仁愛、愛情	・他人本位の行動や発言 ・席を譲る ・他人の仕事を手伝う ・募金をする	・自分本意の行動や発言	
義	・人間の行動に対する筋道 ・普遍的正義、平等、公正、清廉 ・不善を恥じにくむ羞悪の心	・正しいことを行う ・職業的倫理感、プロ意識に基づく行動	・ごまかす ・うそをつく	
礼	・集団生活においてお互いが協調し、調和する秩序 ・敬（うやまう）、謝（感謝）、謙（へりくだる）、譲（ゆずる）、和（仲良く助け合う）	・人と協調する行動や発言 ・あいさつする、笑顔 ・報連相（報告、連絡、相談）	・あいさつしない ・報連相をしない	
		・服装や靴、身だしなみ（頭髪やひげ）	・不快な身だしなみ	
		・人に感謝する ・感謝の気持ちを書く ・礼状を書く	・感謝しない	
		・物を大切にする行動 ・5S（整理、整頓、清掃、清潔、しつけ）	・物を大切にしない	
智	・人間がより良い生活をするために出すべき知恵 ・善悪を弁別する是非の心 ・物の道理を知り、正しい判断を下すこと ・学問に励むこと	・学び成長し続ける ・読書する ・勉強する ・資格試験を受験する	・学ばない	

正しい行動を取れる現場代理人になるためには、自らの行動を日々省みないといけない。自らの行動を日々チェックして、正しくない行動をしているときや正しい行動をしていないときにはそれに気づき、修正していく必要がある。これを自らの習慣になるまで続けることが大切だ。

八つの徳に基づいたプラスの行動とマイナスの行動を**表1-8**にまとめた。これに沿って、自らの行動をチェックしてほしい。

〇＝プラスの行動をしている　△＝プラスの行動をしていない　×＝マイナスの行動をしている

	内　容	プラスの行動事例	マイナスの行動事例	〇、△、×
信	・自分の発言を実行すること ・言明をたがえないこと ・真実を告げること ・約束を守ること	・約束を守る、時間厳守、納期厳守	・約束を守らない	
		・チャレンジする ・別の方法でやってみる	・諦める	
		・できるまでやり続ける	・できない言い訳をする	
忠	・自らに向ける「仁」の心 ・権力者に忠誠を尽くす ・自分の欲求を調節して正しい心を持続する働きを持つための心持ち、努力、誠実さ	・努力する ・責任を果たす、目標達成のための行動	・さぼる	
		・自らを律する行動 ・健康	・他人に律せられる行動	
		・前向きに行動する ・プラスの言葉、動作	・後ろ向きな行動をする	
孝	・上下関係の「仁」の心 ・親と子が双方から慈しみ合い、力を合わせていたわり合い、助け合う姿 ・上司や目上に対する行動や態度	・親孝行 ・目上を尊重する言葉遣い	・親や目上を尊重しない行動	
悌	・横の関係の「仁」の心 ・兄弟姉妹に対する友愛の感情 ・部下や目下、仲間に対する行動や態度	・兄弟姉妹孝行 ・目下や仲間を尊重する言葉遣い ・相談を受ける行動	・目下や仲間を尊重しない行動	

早朝の掃除で増収増益に

　B建設では、公共工事の受注促進のために、道路や公園を掃除していた。自社の工事を増やすための利己的なものだったので、社員も義務的に実施していた。さらに、指示や命令をしないと実施しないような掃除だった。

　B社長は、社員が率先して掃除をする社風づくりを目指していた。まずは率先垂範が大切だと考え、出張のとき以外は毎朝6時に出社して会社周辺を掃除するようにした。そんなB社長を社員は最初、見て見ぬふりをしていたが、D部長が「社長が掃除をしているのを放っておくわけにはいかない」と手伝うようになった。その後、社員も自然と手伝うようになり、いまではほとんどの社員が早朝に掃除をする社風が定着した。

　B建設では、公共工事に加えて個人住宅も施工している。その際、現場では1日に5回の掃除を徹底している。8時、10時、正午、午後3時、午後5時に行うのだ。

　ある日、顧客から次のような手紙が届いた。「大工さんが一生懸命に仕事をしておられる姿に感心していました。それ以上に、1日に5回も私の家を掃除していただいている様子を見て、大切に造っていただいていることを感じ、涙が出るほどうれしく思いました。親戚の人を紹介しますので、私の家以上に大切に造ってあげてください」。

　次のようなこともあった。毎朝、全社員で会社近隣の道路や公園を掃除しているB建設に「道路際の植え込みの剪定代を私たちにも負担させてください」と、近隣の会社が年間10万円の支払いを申し出てきたのだ。

　さらに、近くの食堂から浄化槽設置の注文が入った。「道路の側溝を毎日きれいにしていただいているので、汚い水を流すのは忍びない。せめて、きれいな水を流せるようにしたいので浄化槽を設置してほしい」とのことだった。

　B建設は、厳しい外部環境ながら増収増益を続けている。多くの人に支えられてこそ建設業は成り立つ。周囲の人に応援される建設会社になるためには、正しい考え方に基づいた正しい行動は欠かせない。

写真1-5●道路や近隣の清掃も「仁」

（写真：青山建設）

第2章

原価を下げる

1 業績向上の仕組みを知る
2 原価低減で欠かせない五つの要点

1 業績向上の仕組みを知る

　これまで、現場代理人に必要な技術力は品質や原価、工程、安全、環境などの多岐にわたると述べてきた。第2章の1ではこれらの技術力のうち、特に業績向上の面に着目して解説しよう。

業績を上げるとは
　業績を上げるということは、以下の式で経常利益、または営業利益を増やすことである。

$$
\begin{array}{r}
\text{売り上げ（完成工事高）} \\
-）\text{変動費　（工事原価）} \\
\hline
\text{限界利益（粗利益）} \\
-）\text{固定費　（販売費、一般管理費）} \\
\hline
\text{経常利益（営業利益）}
\end{array}
$$

　上に示した変動費とは、売り上げに比例して増減する費用であり、固定費とは売り上げに比例せず、固定的な費用である。
・変動費＝外注費、材料費、現場経費（現場人件費は除く）
・固定費＝人件費、営業経費、本社営業所経費、金利など

　これに対して、上記のカッコ内は建設業会計に用いる表現である。
・完成工事高＝完成工事基準を採用する場合の売り上げ
・工事原価＝外注費、材料費、現場経費（現場人件費を含む）
・販売費、一般管理費＝人件費（現場人件費を除く）、営業経費、本社営業所経費

　経常利益や営業利益を増やすためには、次の三つの方法がある。

・売り上げ（完成工事高）を増やす

・変動費（工事原価）を減らす
・固定費（販売費、一般管理費）を減らす

以下では、これら三つの方法の中から固定費と変動費（原価）の低減に着目し、技術力を生かしてどのように業績向上に結び付ければよいかを考えてみよう。

「利益を生まない」固定費を削減する

固定費としてのコストを減らすことは、利益を増やすうえで欠かせない。ただし、コストには利益を生むコストと利益を生まないコストがあることを知っておこう。

利益を生むコストとは、費用をかけることで業績が上がるようなコストであり、利益を生まないコストとは費用をかけても業績が上がらず、マイナス要因にしかならないコストだ。

まず、人材にかかわるコストには、以下のものが考えられる。

（1）社員の給料（基本給や残業代） ～「人財」になろう～

組織の「じんざい」には「人財」、「人材」、「人在」、「人罪」の4種類があると言われている（表2-1）。

表2-1●給料から見た4種類の「じんざい」

人財	自分の給料の3倍以上の限界利益（粗利益）を稼ぐ人
人材	自分の給料の1～3倍の限界利益（粗利益）を稼ぐ人
人在	自分の給料分だけの限界利益（粗利益）を稼ぐ人
人罪	自分の給料分の限界利益（粗利益）を稼げない人

成果を出す人に対する給料は利益を生むコストだが、成果を出さない人への給料は利益を生まないコストだ。一人ひとりができるだけ成果を上げられるように指導・育成することが、現場代理人ができる最大のコスト削減策である。

（2）人材採用、福利厚生費　～定着率を高めよう～

　1人の社員を採用するコストは、平均年収の3倍程度かかるといわれている。つまり、定着率が低い会社は、それだけで利益を生まないコストを支払っていることになる。職場環境を良くし、社員が定着するように努めることが必要だ。

（3）人材育成、活用費　～利益を生む人材を育てよ～

　効果的な教育研修費は、成果をさらに生み出す人材を育成するために必要で、まさに利益を生むコストだ。

　製造業であれば優秀な機械を買えば業績を上げることができるが、建設業は基本的に手作業であるため優秀な人材を採用し、育成し、活用することが大切だ。そのためのコストを惜しんではいけない。

　次に、販売促進にかかわるコストには、以下のものが考えられる。

（4）広告宣言費（新聞広告やダイレクトメールなど）　～費用対効果のチェックが必要～

　費用に対して売り上げアップへの効果が高い広告宣伝費は、利益を生むコストだが、効果が低い広告宣伝費は利益を生まないコストだ。費用対効果を綿密に分析する必要がある。現場で行う技術営業に関しても、コスト意識が重要である。コストをかけずに、こまめに顧客訪問することで技術営業を推進することも可能だ。

（5）通信費（電話、郵送、メールの費用など）　～コミュニケーションを促進せよ～

　社外や社内のコミュニケーション（報告・連絡・相談）不足による会社への損失は、会社全体のロスの80％を占めるといわれている。コミュニケーション（報告・連絡・相談）促進のための費用であれば、利益を生むコストだ。

（6）顧客へのお歳暮やお中元などの接待交際費　～戦略的に使っているか～

　顧客との接点を増やすことは、営業戦略としては重要なことだ。中期経営計画に盛り込まれており、戦略的に用いられている接待交際費は利益を生むコストだが、行き当たりばったりに用いられていれば利益を生まない。

　（4）、（5）、（6）は「五まめ」と言われる活動である。これは人的対応能力の基本だ。五まめについては、第3章の1で詳しく解説する。

　このように日々支出しているコストが利益を生むコストなのか、利益を生まないコストなのかを判断できる能力が、現場代理人に必要な技術力である。

　業績向上にはコストの削減は欠かせない。引き続き2章の2では、外注費や材料費などの変動費を取り上げ、原価低減のポイントについてさらに詳しく解説する。

2 原価低減で欠かせない五つの要点

　外部環境が厳しければ厳しいほど、原価低減の道のりは険しい。しかし、行き当たりばったりではなく、手順に沿って歩めば効率的な進み方が必ず見つかる。第2章の2では、どのように歩めば原価が下がるのかを五つのポイントを通して解説しよう。

原価管理は山登り
　原価の管理を山登りに例えて考えてみる。これまでより早く山頂に登ることができたとすれば、それを原価低減が達成したと仮定して話を進めよう。

　まずはスタート地点に立つ。いよいよこれから工事という山登りが始まるのだ。そして、向かうべき山頂を見つめる。目指すべき山頂が見えているうちは安心だが、雲がかかっていたり、はるか遠くにあったりするために山頂が見えなくなると不安になる。工事に例えると雲は工事の困難さであり、遠さは工事規模の大きさや工期の長さだ。

　そこで、原価低減五つのポイントの一つ目は、山頂に目標という「**旗を立てよ**」だ。どんなに旗が遠くても、旗さえ見えればモチベーション高く取り組むことができる。反対に、どんなに旗が近くても旗が見えないと意欲が下がり、不安感が増してしまう。

　山に登り出すと、旗に向かって歩むべき道順を決めなければならない。そこには、すでに過去の先人が歩いてきた獣道がある。しかし、その道を歩いているだけではこれまでよりも早く山頂に着くことはできない。工事でいうとこれまでに行ってきた方法通りに施工することだ。それでは原価低減は不可能だ。

　そこで二つ目のポイントは「**行き方を変えよ**」である。自ら木や雑草をかき分けながら新たな道ならぬ新たな施工方法を探りながら山頂の旗を目指す

のだ。

　行き方が決まったら、できるだけ効率的に山頂を目指さないといけない。しかし、きれいな花を見かければ立ち止まったり、一緒に登る仲間の連携が悪かったり、足元が悪かったりするとスムーズに登れない。工事に例えると、手待ちや手戻り、手直しであり、ムダやムリ、ムラでもある。

　そこで三つ目のポイントは「**ムダを省け**」である。旗に向かって自ら決めた道を真っすぐに、ムダなく効率的に進めないといけない。

　山道を歩いていると、元気なうちはペースが早いものだ。しかし、疲れてくるとペースダウンを余儀なくされる。そして、当初の予定よりも遅れているようだと、改善策を立てなければ予定通りゴールにたどり着かない。工事でいうと月次決算だ。

　そこで四つ目のポイントは「**マイルストーンで改善せよ**」である。マイルストーンとは、日本語では一里塚、山登りだと一合目、二合目などと言う。当初計画とのずれを中間地点でチェックし、この後の歩み方を見直さなければならない。

　ついに山頂にたどり着いた。しかし、これで終了ではない。スタート地点からここまで歩いてきた道のりを振り返り、その成果をまとめて反省するとともに、次に登る人のためにそのデータを提供しなければならない。工事でいうと精算し、歩掛かりをまとめることだ。

　そこで五つ目のポイントは「**来た道を振り返れ**」である。今後のために結果をまとめることは、そのデータを用いて組織力を高めることにもつながる。

　これら五つのポイントをきちんと手順を追って実行することで、必ず原価低減を実践できるし、今後は原価管理に厳しい組織風土ができる。

図2-1 ●原価低減のポイント

- ポイント1 旗を立てよ
- ポイント2 行き方を変えよ
- ポイント3 ムダを省け
- ポイント4 マイルストーンで改善せよ
- ポイント5 来た道を振り返れ

（イラスト：渋谷 秀樹）

利益率だけの管理では不十分　～**1** 旗を立てよ～

　ウサギとカメの話がある。ウサギとカメが山頂目指してかけっこをした。ウサギは早く登るのだが、カメが遅いのを見て、途中で休憩した。その間にカメはウサギを追い越し、先に山頂に登るというお話だ。

　ここでウサギとカメは何を見ていたのだろう。ウサギが見ていたのはカメである。カメに勝てばいいと思い、カメの早さに合わせて歩いていたのだ。

　それに対してカメが見ていたのは山頂の旗である。旗を目指して一歩一歩進んでいき、ウサギよりも早く登ることができたわけだ。つまり、旗を立てるということはモチベーションを維持し、目標を達成するために欠かせないことなのである。

原価管理において旗とは、目標利益である。経営者や経営幹部は、最初に目標利益を設定し、全社員の意識をそこに集中させなければならない。

目標の立案に際して、多くの人たちが悩むのがそのレベルだ。あまり厳しい予算だと現場担当者は「どうせできない」とやる気をなくす。逆に甘い予算だと現場担当者は「楽勝だ」と、やはりやる気をなくす。厳しすぎず、甘すぎない目標設定が重要である。

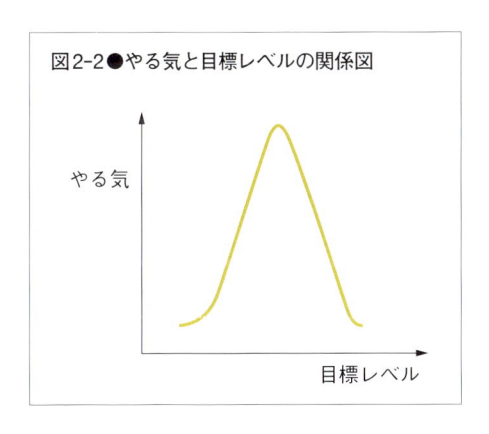

図2-2●やる気と目標レベルの関係図

工事ごとの予算目標を実行予算という。この実行予算の立て方には以下の2通りがある。

原価＋利益＝見積金額
必要な原価を積み上げ、そこに会社として必要な利益をプラスして見積金額を決定する方式だ。原価管理の原則だが、このような方式では、現在の競争社会ではなかなか工事を受注することができない。これを「プロダクトアウト方式」と呼ぶ。

見積金額－目標利益＝目標原価
受注可能な見積金額から、経営者や管理者が設定した目標利益を差し引いたものが目標原価となるような実行予算を作成する。目標利益を達成することは厳しいが、今後はこの姿勢が大切だ。これを「マーケットイン方式」と

呼ぶ。

　次に個人目標について考えてみよう。現場代理人の個人目標利益は、1人当たりの限界利益によって管理するのがよい。

1人当たりの限界利益＝建設技術者の人件費×3

＊限界利益＝請負金額－変動費

　つまり、現場代理人一人ひとりが給料の3倍の限界利益を稼ぐことを目標にして原価管理を進めなければならない。

　具体的には、固定費の少ない会社（公共事業主体の会社に多い）では、人件費の2倍程度の限界利益でもよい場合があるし、固定費が多い会社（個人向け住宅など宣伝広告費が多い会社）では人件費の4倍程度の限界利益が必要だ。固定費の多寡に応じて個人の限界利益目標を定めるとよい。

　なお、現場代理人1人で、一月当たり150万円前後の限界利益を目標としている企業が多い。

　次の2人はどちらが稼いでいるだろうか。
　A君：請負金額1000万円の工事を限界利益15％、4カ月の工期で完成させた。
　B君：請負金額1000万円の工事を限界利益10％、1カ月の工期で完成させた。

　A君は1000万円×0.15＝150万円の限界利益を4カ月で稼いでいる。
　1カ月当たりの限界利益は、150万円÷4カ月＝37万5000円である。

　B君は1000万円×0.10＝100万円の限界利益を1カ月で稼いでいる。

　A君とB君の給料を30万円／月とすると、

A君は、37.5万円÷30万円＝1.25倍
　B君は、100万円÷30万円＝3.33倍
となり、B君の方がはるかに稼ぎ出していることになる。

　現場の利益管理について、利益率を目標にすることが多い。しかし、この事例では、利益率ではA君が優っているが利益額ではB君が優っている。利益率だけの管理では、不十分であることがわかるだろう。

図面通りの仕様では利益は出ない　～❷ 行き方を変えよ～
　行き方を変えることを戦略的アプローチと呼ぶ。これまでとは行き方を変え、設計図や基本的な施工計画を立案し、見直すことである。

　行き方を変えるために有効な手法がVE（バリュー・エンジニアリング）手法である。

　　価値（バリュー）＝機能（ファンクション）÷原価（コスト）

　これまでのやり方は、与えられた仕様を満たすことを前提として原価を下げる努力をしていた。この方法では、原価を下げることは困難だ。必要な機能を知り、その機能を損なわない他の方法を考え、コストを下げる。

　例えば、図面に描かれた配管ルートの内容は与えられた仕様である。これに対して濁水処理や機械の稼働などの配管工事に必要な機能を漏れなく抽出し、その機能を満たす最低限の配管ルートを考え、そのコストを算出することで原価低減ができる。無駄な機能が付いている図面通りの仕様で造っていたのでは、利益は出ない。

　さらに、設計・施工の場合は、顧客が最も重視する鍵となる機能に特化し、他の機能をそぎ落としてデザインすることで顧客満足と大幅な原価低減の両方を実践することができる。

図2-3 ● フェンス工事のVE提案

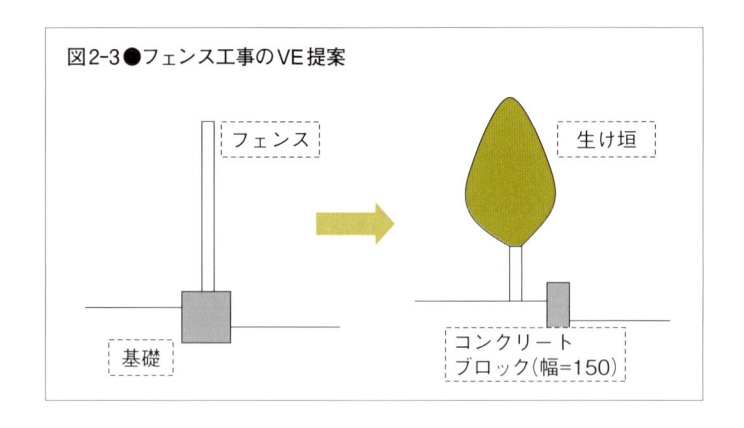

図2-3に示すフェンス工事について実際にVE提案を作成してみよう。下の表2-2の簡易なVE提案表に記載したように、左側に当初設計の機能とコストを記載する。価値とは機能÷コストなので、機能を上げるかコストを下げると価値が上がる。そのようなVE提案をグループディスカッションしたうえで、右側に書く。さらにその右側には、機能やコストが上がっているのかどうかを記載する。

表2-2 ● 簡易なVE提案表

当初設計			VE提案			機能	コスト
設計	機能	コスト	設計	機能	コスト		
ネットフェンス	・侵入を防ぐ	6100円/m	生け垣	・侵入を防ぐ ・美観を良くする	・3000円/m ・維持コスト=1000円/年	↑	→
基礎	・フェンスを支える ・土を押さえる	9000円/m	コンクリートブロック(幅=150)	・土を押さえる	・3000円/m	→	↓

このように簡易なVE提案表にまとめることで、機能が維持もしくは上がっていることを確認しながらコストダウンをすることができる。

原価を把握していない代理人には高めの見積もり　～❸ムダを省け～

　戦略的アプローチとは、その名の通りムダのない戦い方（施工方法）の概略（全体像）を決め、設計図や施工計画書を作成し、さらにそれを見直すことだと述べた。

　一方、ムダを省くための手法を戦術的アプローチや戦闘的アプローチと呼ぶ。戦術的アプローチとは、その設計図や施工計画書に応じて、個々の戦い方（施工方法）の術（個別の像）を決め、ムダを省くように施工図や作業手順書を作成し、見直すことをいう。そして、戦闘的アプローチとは、作業を進める過程において日々、ムダを省き、改善しながら施工することだ。

　まずは、戦術的アプローチについて解説しよう。現場には陥りがちな三つのムダがある。過剰品質と余裕工程、過剰安全だ。顧客満足の名の下に、過剰品質になっていることが多い。先に述べたその工事に必要な「機能」を明確にして、それ以上の品質にしないことが大切だ。

　また、各担当者の言う必要な日数（工程）にはかなりの余裕が含まれている。天候や作業のふくそう、突発事故などを考えて保険をかけて工程を組んでいるからだ。これに対して「ギリギリの工程＋余裕日数」を考えてギリギリの日程によって工程を組むことで、余裕日数を減らすことができる。ギリギリの工程を現場作業者が知ることで、厳しい目標にチャレンジすることができるわけだ。

　さらに、安全第一の言葉通り、安全を守ることはもちろん大切だが、そのことで作業員を過保護にしていないか検証すべきだ。

　これら三つのムダを省くことを考慮した施工図と作業手順を決める。

　過去の施工工数や標準工数を基にして算出した「標準歩掛かり」を参考にして、当該工事の最適工数を定めて施工計画や実行予算書を立案する。これは戦略的アプローチだ。

これを基に毎日の歩掛かりを算出し、日時管理ができるような実施歩掛かりを設定し、それに合わせた金額で発注することを戦術的アプローチという。日々の施工条件に合わせた作業計画を立てるということだ。

　原価低減において最も大きな問題は、現場担当者が原価や歩掛かりを把握していないということだ。協力会社の持ってきた見積金額を値切ることが原価低減だと思っている技術者がいることは事実だ。

　最初に協力会社やメーカーから見積もりや工程表をもらわずに、まずは自分自身で施工方法を考え、原価を把握することから始めなければならない。
　この掘削工事はどのような段取りが必要で、何人工かかるのか。この金物を作るためにはどのような工程で作るのか。このシステムを作るためにはどの程度のプログラミングが必要で、組み立てにはどの程度の日数がかかるのかなどを、知っていなければならない。

　そのためには、デジタルカメラとボイスレコーダーとメモ用紙を持って現場や製作工場に足を運び、どのようにして作っているのか、ほかにもっと良い方法はないのかと見たり聞いたりして、現場のデータを集めることが大切だ。

　鉄筋工事を手がける専門工事会社のM社は、元請けの建設会社から見積もり依頼や工期の問い合わせがあると、以下のような早見表を見て答えるようにしている。

表2-3 ●歩掛かりの掛け率早見表

元請け名／監督名 鉄筋径	A工務店			B建設	
	Cさん	Dさん	Eさん	Fさん	Gさん
D13以下	0.94	1.0	1.20	0.91	0.88
D16〜D25	0.85	1.0	1.15	0.87	0.87
D29以上	0.93	1.0	1.10	0.83	0.86

　表2-3に示した歩掛かりの掛け率早見表とは、元請け会社や監督ごとに標

準歩掛かりに対する掛け率を算出したものだ。標準歩掛かりを基に、この表の掛け率を掛け合わせて見積書を作成する。

例えばB建設で現場代理人を務めるGさんは歩掛かりをよく理解しているので、標準歩掛かりの90％程度で出さなければ納得してもらえない。ただし、施工に際してもムダなく段取りしてもらえるので、それでも利益を出すことができる。

これに対してA工務店の現場代理人のEさんは歩掛かりを理解していないので、いつも自社の標準歩掛かりの10％増しで取り決めるようにしている。しかも現場で手戻りや手待ちが発生するので、それでも利益が出ないことがあるようだ。

現場代理人が原価や歩掛かりを理解することの重要性を痛感する事例だ。

購買方式の長所と短所を理解する

工事に伴う購買の方法には集中購買と個別購買（工事担当者が個別に購買する手法）があり、集中購買は特定の人や部署に購買権限を集中させる手法、特定の会社に発注を集中させる手法の二つに分かれる。これら三つの手法にはそれぞれ長所や短所、得意とする工種、採用する際に実施すべきことがある。

長所と短所を理解したうえで、得意とする工種を考慮して購買手法を採用することが大切だ。さらに、その手法を採用するにあたって、「実施すべきこと」を遂行しておくことが重要である。これらを次ページの**表2-4**に示す。

> **特定メーカーからの購買で単価を2割削減**
>
> 　住宅の施工を手がけるS社ではこれまで、現場代理人が個別で購買をしていた。顧客の要望に合わせたキッチンや据え付け家具を様々なメーカーから個別に選定していた。それが顧客満足を高める方法と信じていたからだ。しかし、顧客の意識調査を改めて行ったところ、キッチンや家具に特別のこだわりがある人は少数で、多くの顧客の要望は少しでも費用を安くしたいというものだった。
>
> 　そこで、S社は特定のメーカーと年間契約を結び、すべての受注工事でそのメーカーから購買することを条件に、単価をこれまでよりも20％削減してもらうことに成功した。

　優良な協力会社を選定して原価を下げるには、まずはその会社を評価し、そのうえで選ぶことが必要である。それには、評価基準を設定しなければならない。原価に関係する評価基準を、**表2-5**にまとめた。

表2-4●集中購買と個別購買の比較

	概要	長所
集中購買（担当部署）	・本社や支店の購買担当部署、または工事部門の部長や課長に購買権限を集中させる手法。管轄している現場の発注業務をまとめて集中的に購買する	・購買に関する知識や経験があり、交渉能力が高い人が購買を担当することで交渉を有利に進めることができるため、原価を低減できる
集中購買（外注会社、メーカー）	・特定の会社やメーカーに発注先を集中させる手法	・いくつかの工事をまとめる、または年間契約することでスケールメリットが生じ、原価を低減できる
個別購買	・工事担当者が購買権限を有し、個別の工事案件ごとに購買する手法	・工事担当者が工事の個別事情を把握して発注するので、現場に合った契約をすることができる ・工事担当者の交渉能力が向上する

表2-5●協力会社の評価基準の例

段階	評価基準
計画段階	・見積金額は適正か、過度に高かったり安かったりしていないか ・歩掛かりを把握して見積もっているか ・VE提案を作成することができるか ・原価に関して工夫した施工手順書を作成することができるか
施工段階	・職長が職人に原価に関する教育をしているか ・職長がムダの排除の工夫をしているか
中間段階	・予算の順守状況をチェックしているか ・予算と実績のずれが発見された場合に、修正しているか
竣工段階	・実績原価をまとめ、次の工事に生かしているか

原価低減で障害となる四つのM

続いて、戦闘的アプローチについて解説しよう。戦略や戦術がいくら良くても、現場でそれが実現されていなければ原価を低減することはできない。これが戦闘だ。戦略や戦術で決めたことを徹底して実践しようとするときに、障害となるものが四つある。Man（人）、Machine（機械や設備）、

短所	得意とする工種	採用する際に実施すべきこと
・工事担当者が購買しないため、交渉能力が低下する ・発注価格を知らずに工事担当者が施工管理をするため、現場でムダが発生する ・工事担当者に購買権限がないために、協力会社を統率することができなくなる ・購買担当者に権限を集中させることで、協力会社との癒着や汚職が発生する恐れがある ・購買担当者が工事の個別事情を十分に把握しないままに交渉すると、契約内容と現場状況との不一致が発生する恐れがある	・専門性が高い工事の労務	・購買担当者の育成 ・購買担当者から工事担当者への情報提供
・メーカーを特定することで顧客の不満足を招く恐れがある ・一定以上の数量がないと原価低減の効果が小さい ・当初契約の際の発注量が確保できなかった場合、外注会社に対して違約金が発生する恐れがある	・住宅設備など、規格化していてスケールメリットが得られる資材 ・コンクリートや鉄筋などの原材料	・取引先の確保 ・契約数量の受注の確保
・工事担当者の交渉能力によって、購買価格が左右される ・過去の工事経歴を反映できないので、改善成果を価格に転嫁できない	・規格化していない金物などの資材 ・専門性が比較的低く、地元での調達が有利な労務	・工事担当者の育成 ・工事購買履歴の整理

Material（材料）、Method（方法）の4Mといわれるものだ。

　まずはMan（人)について。人の能力とやる気がなければ、戦略や戦術で決めたことを実践することができない。能力を上げることを「指導」と言い、やる気を高めることを「育成」と言う。

　やる気を高めて作業効率を上げるための「育成」手法で最も効果的なものは朝礼の活用だ。

> ### 朝礼を見直して作業効率が5％向上
> 　総合建設会社であるH社は朝礼の実施方法を見直して作業効率を5％向上させることに成功した。以下は、H社が朝礼改革で行ったことだ。
> （1）事前にその日のテーマに基づいて行動目標を日報に記載する
> 　　「本日のテーマは『親切』。作業方法で困っている作業員に積極的に声をかけます」。
> （2）行動目標を各自が朝礼で挙手をして発表する
> （3）自らの夢と本日の作業内容を発表する
> 　　「私の夢は、日本一のアンカー職人になることです。そのために、本日は30本のアンカーを打設します」。
> （4）昨日の作業の中で感謝すべきことを発表する
> 　　「昨日は、型枠大工の○○さんにクレーンの使用を譲っていただいたおかげで、予定通りの作業を実施することができました。○○さん、ありがとうございます」。
> 　これらを実施するうえで最も大切なことは、プラスの言葉や動作、表情で行うことだ。肯定的な言葉や背筋の伸びた動作、そして笑顔で行うことによって人の脳にプラスの刺激が与えられ、やる気が高まるのだ。

　Machine（機械や設備）では規模の選定を最適化することに加え、機械や設備の稼働時間を最大化しなければならない。

ダンプトラックの運転手をたたき起こす

　私がダム工事現場で実際に経験したことだ。バックホーによって土砂を掘削し、ダンプトラックで搬出する工事である。昼休みは正午から午後1時までだが、ダンプトラックは掘削個所から離れたところで休憩しており、そこで午後1時まで休憩した後、現場に移動するので実際の搬出開始は午後1時15分からになっていた。

　私は稼働時間を15分間、長くするため、午後12時45分にダンプトラックの運転手を昼寝から起こしに行くことにした。ダンプトラックの外からドアをドンドンとたたき、

　「おーい、昼休みは終わりだぞ」と叫ぶ。すると、

　「まだ15分間、休み時間があるじゃないか」と運転手。

　12時45分に現場に移動せよということになると、実質の休憩時間は45分になってしまう。実際には複数台のダンプトラックがあり、時間をずらして休憩しているので、45分間よりは休憩時間が長いが、これまでよりも短くなることは事実だ。

　運転手の親方と随分熱い議論をした後、親方が根負けして私の言い分を聞いてくれた。その結果、5%の工期短縮ができた。小さなことの積み重ねで原価低減ができることを実感した出来事だった。

写真2-1●ダンプトラックの稼働率を上げる

（写真：東亜建設工業）

材料の発注で原価を下げる

　Material（材料）の場合は、使用量のロスや品質の不良をなくさなければならない。

　金属を用いた部品や電線の単価は相場に影響される。新聞やネットなどで常に相場を確認して売買しなければならない。例えば銅の相場は、最近5年間で200～800円/kgの範囲で推移している。まさに4倍の開きがある。相場を意識して購買するのと無意識で購買するのとでは4倍の価格差があるわけだ。

（1）ロス率を減らす

　設計図と施工図で材料ロスが発生し、施工図と実施工でもさらに材料ロスが発生している。これらのロスを低減させることが必要である。ここでは、電線や配管などの線材や管材を例に考えてみよう。

　（1）-1　施工図作成段階でのロスの低減
　　・最短配線ルートの選定
　　・受電盤などの設備設置個所の見直し
　　・施工図の作成者によるロス率の"見える化"

　（1）-2　実施工段階でのロスの低減
　　・倉庫に「持ち出し管理簿」を設置し、資材の入出庫管理を行う
　　・必要以上の数量を現場に納入しない
　　・使用数量一覧表を作成するなど使用数量やロス率の見える化を進める

（2）不良品を排除する

　不良材料が現場に搬入されると、手待ちや手戻り、手直しの原因となる。したがって、不良材料が現場に入らないようにしなければならない。

　・受け入れ検査を厳格に実施する
　・可能なものについては工場検査を実施する

・材料ごとに適切な養生方法を定める
・5S（整理、整頓、清掃、清潔、しつけ）を実施する

Method（方法）では「報連相」と「5S」が基本になる。
例えば報連相の不備によって以下のような手待ちや手戻り、手直しが生じる。
・手待ち＝連絡不足による作業のふくそうや共通機械の取り合いなどによって作業を一時停止した状態
・手戻り＝施工指示が不十分で不明確なことから、作業のやり直しをしている状態
・手直し＝品質不良のために発生した不良品を補修・改修したり再構築したりする状態

「報連相」で残業による経費を削減

　M社はリフォームの専門工事会社である。現場で仕事をする職人が社員として働いている。一つの現場の作業量は平均して1〜2日なので、頻繁に現場の移動がある。正午までに作業を終えると次の現場に向かい、仕事をする。
　しかし、午後3時ごろに仕事を終えるとそのまま会社に帰ってきて、道具を片付けたり整備したりしていた。一方、忙しいときには、午後8時ころまで現場で作業することもある。
　M社長は、社内の報連相が不十分であることを感じていた。そこで、全社員が毎日午後3時に、他の全社員に対して今の作業の状況を携帯電話のメールで送ることにした。例えば、「現在A現場にて作業中。午後5時に終了予定」などのように伝えるのである。
　ある日、以下のようなメールが送られた。
　Yさん「C現場にて作業中ですが、午後3時に終了見込み。他の現場への応援可能です」。
　Xさん「B現場にて作業中。本日は午後8時までかかる見込み。Yさん、応援をお願いします」。
　Yさん「OK！　C現場の作業終了後、B現場に向かいます」。
　携帯メールを用いた情報共有化によってお互いに助け合うことができるようになった。このことで、残業による経費を5％削減することができ、粗利益を増やすことができた。日々の報連相が原価低減に寄与する事例である。

日々の5S（整理、整頓、清掃、清潔、しつけ）が不十分で徹底されていない場合は、以下のような手待ちや手戻り、手直しが生じる。
・手待ち＝作業工程移行の際に整理や整頓、清掃などによる作業の中断が発生している状態
・手戻り＝作業漏れが発生し、作業のやり直しをしている状態
・手直し＝品質不良に気づくのが遅れて不良品を補修・改修したり再構築したりする状態

工事の終盤に気づいてからでは手遅れ　～**4** マイルストーンで改善せよ～

　山登りをする場合にはあらかじめ、登頂予定時刻とルートを決める。さらに、1合目や2合目などの中間ポイントに到着する予定時刻を決めておく。

　登り出した後、予定の到着時間よりも遅れていると、お互い仲間同士で励まし合ってペースを上げることを試みる。休憩時間を短くしたり、遅れている人の荷物を元気な人が持ったりするのだ。それでも改善の見込みがなければ、リーダーは別の登山ルートを探り、もっと良い道がないかを考える。

　逆に最初の3合目くらいまでは予定時刻よりも早く着いてしまうこともある。最初は体力的に元気だからだ。しかし、あまり最初に張り切りすぎると、終盤ばててしまい、結果として目標を達成することができなくなり、ペースを落とすようにすることもある。

　このような、中間チェックのポイントをマイルストーンと言う。1マイルごとに置いてある石（ストーン）を意味する。日本では一里塚と言い、その昔、東海道などを歩く人のために一里（約4km）ごとに石を置いて、この間を1時間で歩くことを標準ペースとしたものだ。

　原価管理においては、最初に立てた実行予算の通りに、もしくはそれ以下で発注し、支払っているかをチェックしなければならない。そうでなければ、工事の終盤になって予算をオーバーしていることに気づき、取り返しのつかないことになり、実行予算を守ることができないからだ。

中間チェックを行うことの必要性は何だろうか。例えば、大きなミスをすると手戻りや手直しの作業が発生し、予算オーバーになることがある。このような場合には定期的な中間チェックをしなくても課題に気づき、改善につなげることができる。問題は、小さなミスが繰り返し常態的に行われている場合である。

　人の体を例にして考えてみよう。熱が出たり、どこかが痛んだりすると体の異変に気づき、病院に行くだろう。そしてお医者さんに注意するよう伝えられ、以後は無理をしないようにするものだ。

　ところが、疲労や睡眠不足、運動不足といういわゆる生活習慣病は、すぐには症状として出ないものだ。そしてある日突然、脳内出血や心筋梗塞という形で表面化し、半身不随など取り返しのつかないことになる。このような生活習慣病を把握するには、定期的な健康診断が必要である。血圧や血液検査、レントゲンなどの数値を定期的に把握し、その数値を監視することで異変に気づき、生活習慣を見直して改善することができるわけだ。

　工事現場においても、生活習慣病ならぬ「現場習慣病」にかかっていると感じる以下のような場面を見ることが多い。

・いつも同じ手順で施工することや怠慢による作業のマンネリ化
・指示が不十分なことによる手戻り作業
・報連相が不足していることで生じる手待ち作業
・施工ミスに伴う手直し作業
・整理や整頓、清掃が不十分なことによる作業効率の低下
・作業にムラがあるため職人がムリな作業をしており、その結果、ムダが発生している作業

　これらが原因で原価が高騰していることを把握するために、定期健康診断ならぬ定期的な支出金額や作業歩掛かりのチェックをする必要がある。そして問題が小さなうちに気づき、改善策を実施しなければならない。

> **中間チェックをおろそかにして倒産**
>
> 　つい先ごろ倒産したＡ建設では、経営者が現場に行かず、工事部長に現場の管理を任せきりだった。しかも工事部長も現場代理人に任せたまま、現場には最小限しか行かなかった。実行予算を立てた場合も中間チェックをせず、完成時の確認だけしかしていなかった。
>
> 　その結果、次第に現場の風紀が乱れ、午前８時に本社に集合してから現場に向かうようになった。さらに夕方も午後５時に本社に着くように作業を終えるようになった。そのため、遠方の現場では午前10時から作業を始めて午後４時に作業終了と、極端に作業時間が減っていた。
>
> 　加えて現場に緊張感がなくなり、じりじりと作業効率が低下し、利益率が低下し、結果として倒産したのである。中間チェックの重要性を感じる事例である。

　中間チェックする際に最も重要なことが、残工事費の算出だ。この工事ではあといくらかかるのかを、常に把握しておく必要がある。

既支払金額＋残工事費＝累計工事費（見込み）

　ここで注意しなければならないのは、残工事費は残予算費と必ずしも一致しないということである。工事が順調に推移していると、残工事費＝残予算費となるが、次のようなときには、残予算費よりも残工事費が大きくなる。

・今後、手直しが予想されている
・発注単価が予算単価を超えている
・数量増が見込まれる

　正確な累計工事費を早期に予想できれば、改善策を立ててコストアップを事前に防ぐことができる。

　具体的な事例で見てみよう。
　右ページの**表2-6**は、ある工事を○年○月に中間チェックするための収支予定調書である。
　・累計出来高＝○月までの工事出来高に単価を掛けたもの

・累計支払金額＝○月までに協力会社に支払った金額の累計
・残工事費＝工事完了までにかかる費用（推定の支払金額）
・累計工事費＝累計支払金額＋残工事費

表2-6●○年○月の収支予定調書

工種	実行予算			累計出来高		累計支払金額	残工事費	累計工事費
	単価	数量	金額	数量	金額			
型枠	2,000	30m²	60,000	20m²	40,000	20,000	40,000	60,000
鉄筋	130,000	10t	1,300,000	5t	650,000	950,000	350,000	1,300,000
コンクリート	10,000	100m³	1,000,000	60m³	600,000	612,000	408,000	1,020,000
経費	100,000	4月	400,000	3月	300,000	300,000	200,000	500,000
			2,760,000		1,590,000	1,882,000	998,000	2,880,000

　ここで「型枠」や「鉄筋」は、実行予算と累計工事費が等しく、実行予算通りに完成する見込みである。しかし、「コンクリート」は材料が2％ロスしており、残工事においても同様にロスが出ると見込んでいる。「経費」については現在、3カ月経過しているが、工期が遅れている。あと2カ月かかり、工期が1カ月遅延する見込みだ。

　その結果、実行予算よりも「コンクリート」が2万円、「経費」が10万円余分にかかる見込みであることが判明した。

　そこで施工検討会を開催し、今後コンクリートロスが発生しない施工方法を検討した。例えば型枠や床掘りの精度を上げたり、廃棄コンクリートを少なくしたりする。さらに、工期を1カ月短縮するための方法を討議する。大工を増員したり、照明器具を利用して深夜作業をするなどの対策を考える。

　これらが改善である。中間チェックをすることで、このような改善のきっかけを得ることができ、社内の技術の英知を集め、原価低減することができるのである。

工事終了後のデータを次の発注に活用　～❺ 来た道をふり返れ～

　工事が終われば、工種ごとにいくらでできたのかを整理する。どの段階でいくらの仕入原価がかかっていて、そこにどのような人件費がかかっていて、さらに協力会社はどれくらいの経費がかかっているのかについて、データを集める。加工品や設備機械などの工事現場以外で製作するものについては、工場に出かけて行って原価を調査することも必要だ。

　そのうえで以下の分析を行う。
・過去に行った同種工事の原価と比較する
・他の協力会社または工事担当者が行った工事の原価と比較する
・同業他社の原価と比較する
・「建設物価」など公表されている原価データと比較する

　具体的な事例で見てみよう。**表2-7**は、設計が230m^2の型枠工の歩掛かりを、施工完了後に集計したものである。

　施工数量については、現場で見て確認して入力する。特に仮設資材の数量を正確に拾うことが重要だ。労務単価は、実際に大工や普通作業員が受け取っていると思われる金額を入れる。その他の材料単価は「建設物価」や金物店、リース会社などで調査して入力する。協力会社の経費は会社の規模によって異なるが、10～20％が妥当だろう。

　これらを集計すると、今回の工事では1m^2当たり3255円で施工した計算になる。今回の協力会社への発注単価が同4000円だとすると今後、同様の型枠工を発注して施工する場合は同3300円でも施工可能ということになる。

　歩掛かりや工事精算のデータは使えてこそ、価値がある。使えないデータはデータとは言わない。

　社内でデータを使えるようにするために次の点に留意する。
・1S＝要らないデータは捨て、要るデータだけにする（データの整理）

表2-7 ●歩掛かり集計表

区分	内容	数量	単位	単価	金額
労務費	大工	25	人	15,000	375,000
	普通作業員	10	人	12,000	120,000
材料費	コンパネ（4回転用）	240	m²	600	144,000
	セパレーター　300mm	53	個	20	1,060
	単管　L＝5m	40	本	80	3,200
	金具	106	個	20	2,120
機械費	ユニック	3	日	9,300	27,900
	レッカー 20t	0.5	日	15,000	7,500
小計					680,780
協力会社の経費	10％				68,078
合計					748,858
単価	748,858÷230m²				3,255

- 2S＝データを誰でもすぐに取り出せるようにする（データの整頓）
- 3S＝データが誤っていたり、古くなったりしていないかを定期的に見直す（データの清掃）
- 4S＝上記の1Sや2S、3Sをやり続けることができるようルール化する（清潔）
- 5S＝すべての工事についてデータをまとめるよう社員に教育し、習慣化する（データ処理をしつける）

　先に述べた歩掛かりについて、それらをとりまとめた「標準歩掛かり」を算出し、それを社内における各工種の原価目標値とする。さらに、それらの情報を社内で共有することで、自らが経験していない工事についても歩掛かりを把握でき、適正価格で発注することで原価低減することが可能になる。

第3章
提案力と交渉力を磨く

1. コミュニケーションで業績向上
2. 技術提案のポイント
3. 交渉力の高め方

1 コミュニケーションで業績向上

　現場代理人が業績を上げるためには、技術力とともに対人関係能力である対応力を向上させる必要がある。大手建設会社のT社で現場代理人を務めるSさんは以下のように言っている。

　「現場代理人のいいところは、多くの方とコミュニケーションがとれることです。私は25年間この仕事をしていますが、おそらく数千人の方々に会っています。お客様、近隣の方々、利害関係者の方々、協力会社の方々、社員と様々です。時には葛藤することもありますが、そんな方々とのコミュニケーションを経て建設物を造り上げることに喜びを感じます」。

　このように、現場代理人は多くの人とコミュニケーションをとりながら仕事をしなければならない。そのため、Sさんのように対応力が高い人はいいが、高くない人は結果として成果や業績を上げることができない。3章の1では、業績を上げるために必要なコミュニケーションの手法や対応力の伸ばし方について解説しよう。

「五まめ」で相手との接点を増やす

　業績を上げるためのコミュニケーションの手段で最も大切なことは、相手（顧客や利害関係者、近隣住民、協力会社、社員）との接点を増やすことである。相手との接点をPOC（ポイント・オブ・コンタクト）という。接点を増やすことで親密性が増し、コミュニケーションが促進され、対応力を高めることができる。

　接点を増やすためのコミュニケーションの手段に、「五まめ」と呼ばれる方法がある。「出まめ」、「筆まめ」、「世話まめ」、「電話まめ」、「メールまめ」の五つからなるものだ。それぞれについて、解説しよう。

図3-1●現場代理人がコミュニケーションの中心

顧客 / 近隣住民 / 現場代理人は、コミュニケーションの中心にいる / 協力会社 / 上司・部下

（イラスト：渋谷 秀樹）

（1）濃密な関係をつくる「出まめ」

　出まめとは、まめに顔を合わせることである。コミュニケーションの中でも最も濃密なので、効果は大きい。半面、相手に時間を使ってもらうために逆効果となることもあるので注意が必要だ。出まめには、主に以下の2通りがある。

　・よく知っている人への出まめ
　　＝面談による打ち合わせ、呼び出されての訪問、ご機嫌伺いの訪問
　・面識のない人への出まめ＝飛び込み訪問、面談依頼を受けての訪問

（2）提案書の作成も「筆まめ」の一つ

　筆まめとは、はがきや手紙、ファクスなどによるものである。印刷された文字でも問題はないが、直筆で書くと効果はさらに高まる。せめて署名だけでも、直筆で書くようにしよう。

　提案書の作成も、筆まめの一種である。口頭だけで訴求するよりも、紙面で表わして解説する方が相手の理解度は高くなる。

　　・はがきや手紙、ファクス
　　　＝暑中見舞い、年賀状、誕生日、クリスマスカード、返信
　　・提案書＝技術提案、企画書、見積書、図面

（3）気遣いが距離を縮める

　世話まめとは、相手の立場や状況を察して、気遣いをすることだ。慶弔、療養のお見舞い、歳暮、中元、出産祝い、本人やその家族の誕生日や記念日、昇進、昇格のお祝いなどをまめに行うと、相手との距離が確実に縮まるものだ。

（4）用件のないときの電話は効果的

　電話まめは面談よりも濃密さに欠けるが、それでも声で直接、対応できるので効果的である。相手が不在のときでも留守電に必ず、声のメッセージを残すのがよい。ただし、その場合は声の調子で相手は無形のメッセージを受け取るので注意が必要だ。逆に、自身の留守番電話のメッセージにも工夫を加えたい。季節のあいさつなどをメッセージに加えると、相手に良い印象が残る。

　さらに、通常は用件があるときに電話するものだが、用件のないときの電話の方が効果的だ。相手に「何の用事？」と聞かれると、「あなたの声が聞きたくて電話しました」と言うと相手が驚くことは間違いない。

（5）メールも「ワンデーレスポンス」で

　メールは容易に送受信ができ、簡易にコミュニケーションがとれるメリッ

トがある。しかし、容易に送受信できるだけに、送信したメールに対して3日も返信がなければ相手は不安に感じるものだ。ワンデーレスポンス（1日以内に返信する）を心がけたい。

半面、一方的でニュアンスが伝わらないというデメリットがある。メールは容易に書けるからこそ、時間をかけて言葉を選んで記述することが大切だ。これに対して、時間をかけて言葉を選べない口頭のコミュニケーションは、時に感情的になってしまうことがある。このようにメリットを生かし、デメリットを補完するような方法で利用するのがよい。

コミュニケーションの質を「五力」で高める

業績を上げるためには、コミュニケーションの質も高めなければならない。そのためには、手順を追って実施することが必要だ。一足飛びに良好な対人関係を築くことはできない。着実に一歩ずつ、コミュニケーションの段階を積み重ねていくことが大切だ。

このコミュニケーションの段階には五つの段階ある。それぞれの段階で必要な能力は「親密力」、「調査力」、「提案力」、「表現力」、「交渉力」の五つであり、これらを合わせて「五力」と呼ぶ。

第一段階では相手との関係性を深めるために、「親密力」が大切になる。関係性を深め、面談できる関係を築くことが大切だ。

メラビアンの法則と呼ばれる法則がある。人が他者から信用を得るための重要な要因について研究したものだ。話し手が聞き手に与えるインパクトには三つの要素があるとし、それらの要素が聞き手の印象に占める割合を以下のように解説している。

- 視覚情報＝話し手が聞き手にどう映っているか（見た目、表情、しぐさ、視線）　**55%**
- 聴覚情報＝プレゼンターの声（声の質や速さ、大きさ、口調）　**38%**
- 言語情報＝話し手が話す内容（言葉そのものの意味）　**7%**

つまり、見た目と声質が第一印象の93％を決めるということである。話している内容は7％しか影響しない。良い印象を残すためには、話す内容よりもむしろ、見た目と声質に気をつける必要がある。

第二段階は、相手の要望（ニーズ）と欲求（ウォンツ）を明確にし、形にする段階である。そのためには、ヒアリングをするための能力や傾聴能力といった調査力が必要である。そのうえで、相手の要望(ニーズ)と欲求（ウォンツ）のうち、自ら対応できるもの（両者の共通課題）を明確にしなければならない。ニーズとウォンツについては、第4章で詳しく解説する。

ニーズとウォンツをうまく把握

道路工事会社Ｍ社の現場代理人は、舗装工事を施工する前に周辺のコンビニエンスストアを回る。そして工事の案内とともに、以下のように話す。
「お店の駐車場のことでお困りのことはないですか」。
そうするとコンビニエンスストアの店長は、「当店は大きな車が入ることが多いので、駐車場の舗装が傷んで困っているのです」と言う。
このとき「駐車場の舗装が傷んでいますね」と聞くと、「けっこうです」と返答されてしまうが、前述のように聞くと本音を話すのである。
先ほどの会話に引き続き、Ｍ社の現場代理人は以下のように言う。
「大きな車を進入禁止にすることができますし、大きな車が入っても傷まないように舗装をやり直すこともできますが、どちらがいいですか」。
そうするとコンビニエンスストアの店長は、「お客様が減ると困るので、大きな車が入っても傷まないように舗装をやり直したいな」と言うのだ。
前半の話法を応酬話法、後半の話法を二者択一話法と呼ぶ。このように相手の潜在的な欲求（ウォンツ）を確認するための話法は種々あるが、大切なことは相手に対する「お役立ち精神」を持つことである。

第三段階は、両社の共通課題を解決する段階に当たる。提案書や企画書、図面、見積書、設計変更の書類などを作成する「提案力」が求められる段階である。その後、提案書が独り歩きしても十分に理解される内容にすることが必要だ（提案力の詳細は第3章の2を参照）。

第三段階で作成した企画や提案を、相手に伝える段階が第四段階になる。

「表現力」によって他社との違いを伝え、相手の心をつかむことが大切だ。音声だけでなく視覚に訴えると効果的である。

　良い提案であっても、相手に通じなければ理解してもらうことはできない。説明の際には、以下に留意する。
　・相手の問題解決であるということを強調する
　・自社のライバルとの差別化を図る
　・相手への「お役立ちの思い」を打ち出す
　・提案内容は絵になるように訴える

　第五段階では「交渉力」が必要になる。作成した提案書を基に両者の共通課題を解決できるよう、交渉力によって相手の決定を手助けする。時には相手の背中を押すことも大切だ。提案する側としても、譲歩するものとしないものとを決めておく必要がある（交渉力の詳細は第3章の3を参照）。

　この五つの力をすべて有していれば、相手とのコミュニケーションは問題がない。とはいえ、多くの現場代理人には得手や不得手があるだろう。親密力はあるけれど提案力が不足している人、提案力はあるけれど交渉力が不足している人などだ。まずは、自分の不得手な項目を向上させるよう努めなければならない。

　それでも、どうしても向上しないときには組織力を活用したい。自分に提案力が不足しているとすれば、提案力に長けている人に支援してもらい、交渉力が不足しているとすれば交渉時に同行してもらうわけだ。

2 技術提案のポイント

　訴求力の高い提案をするためには、文章力が欠かせない。いくら良い提案であっても、相手に理解されなければ成果は出ないからだ。以下に、正しく理解される文章を書くためのポイントについて述べる。

　まずは、主語と述語の関係を明快にすることが大切だ。文学ではわざと主語をぼかして読者に想像させる技法もあるが、技術提案などでは読み手に明快に伝わる文章が求められるので、主語と述語をわかりやすく書くことが重要である。

（1）一つの文章は長くても75文字程度に
　長文は読みづらい。明快な文章にするには、一つの文章は長くても75文字程度に抑えることが望ましい。

（2）主語はシンプルに
　主語を飾りすぎると主語自体が不明確になる。話し言葉に使うような余分な言葉も付けない。

表3-1●主語をシンプルな形に改めた例

改善前	アナログ情報をまとめることができ、かつ、わかりやすく、また、容易に習得できるKJ法は、QC手法の発展に伴って、多くの人たちに利用されるようになった。
改善後	KJ法は、アナログ情報をまとめることができ、かつ、わかりやすい。また、容易に習得することができる。そのため、KJ法はQC手法の発展に伴って、多くの人たちに利用されるようになった。

（3）一つの文章に多くのことを盛り込まない
　一つのセンテンスに複数のことを述べると意味がわかりにくくなり、長い文章は主語と述語が一致しない「ねじれ文」になりがちだ。短文（主語一つ、述語一つ）を目指して明快に書こう。

表3-2●文章を短くした例

改善前	この工法は、論理的には証明されておらず、どちらかと言えば、多くの実績に裏付けされて広まっていった。
改善後	この工法は、論理的には証明されていない。どちらかと言えば、多くの実績に裏付けされて広まっていった。

（4）見出し（表題）を付ける

文章全体で伝えたいことを一言で言い表わすような見出し（表題）を付けると、読み手はあらかじめ知識を得て読むことができるので理解が早まる。

（5）読みやすさを基準にかな表記も

常用漢字として認められているものでも、ひらがなの方がわかりやすい場合はひらがなで表記してもよい。かな表記が望ましい例を、**表3-3**に挙げておく。

表3-3●かな表記が望ましい言葉の例

漢字による表記	かな表記
又は	または
若しくは	もしくは
尚	なお
更に	さらに
沢山	たくさん
折角	せっかく
様な	ような
如く	ごとく
迄	まで
読んで見る	読んでみる
向上して行く	向上していく
○○を得る物とする	○○を得るものとする
○○した所、条件を満足した	○○したところ、条件を満足した

（6）「である」と「ですます」を混同しない

業務文書や技術論文の文体には、次の二つの表記方法がある。
- ですます体（敬体文）＝「です」や「ます」で締めくくる
- である体（常体文）＝「だ」や「である」で締めくくる

いずれを用いてもよいが、技術提案書などの文章では「である体」で言い切る方がよいだろう。ただし、「ですます体」と「である体」を混同して使ってはいけない。

表3-4●文体の比較

文体	ですます体＝敬体文	である体＝常体文
表現方法	・語りかける表現 ・説明的表現 ・下位上達的表現 ・表現が優しい	・自問自答的表現 ・自称的表現 ・上位下達的表現 ・明快に響く
特徴	・わかりやすく説明しようとする気持ちが表明される	・自己主張を感じる ・読み手に対する意識が薄れると自己中心的となる

（7）図表のタイトルは本文とリンク

　文章によって表現しづらい複雑な説明の場合は、図表や写真を活用する。その場合、図表は番号やタイトル（見出し）を付けて本文とリンクさせる。

図3-2●図表の例

表○　コンクリート試験方法の利害得失

	○○試験	△△試験	■■法	××式	▼▼理論
特徴					
長所					
短所					

図□　パソコン使用時の姿勢

わかりやすい構成で提案内容を確実に伝える

　個々の文章だけでなく、全体の構成にも気を配ろう。読み手が誤解するケースが減り、理解がさらに深まるはずだ。

（1）個条書きを活用する

　先に述べた文章や主語をシンプルにすることとも関連するが、個条書きを活用すると読みやすくなる。個条書きのパターンや例を以下に示す。

表3-5●個条書きのパターン

ポイント	例
単語で記述	経済性　　作業環境　　安全性
体言止めを使う	経済性の向上　　作業環境の改善　　安全性の向上
末尾を統一	停止時間が短く、経済性が向上する 騒音や振動が少なく、作業環境が改善する 作業床が確保され、安全性が向上する

表3-6●長い文章を個条書きに直した例

改善前	既存の管を使用する○○工法は、新設配管を使用する従来工法と比較して作業効率が30％向上するとともに、作業員を4人削減できるため経済性に優れ、また、騒音・振動が半減し、作業環境の改善や隣接する地域の建設公害を低減するため環境改善にも優れる。半面、特殊技術であるため有資格者が必要で、大口径に適用できないだけではなく、別途広い作業スペースが必要となる。
改善後	○○工法は、従来工法と比較して次の特徴がある。 　1　特徴 　　　既存の管を使用する 　2　メリット 　　（1）経済性に優れる 　　　　①作業効率が30％向上する 　　　　②作業員を4人削減できる 　　（2）環境改善に優れる 　　　　①騒音・振動が半減し、作業環境が改善する 　　　　②騒音・振動が半減し、地域住民への建設公害が低減する 　3　デメリット 　　（1）有資格者が必要 　　（2）大口径管では使用できない 　　（3）広い作業スペースが必要である

（2）段落は200字程度で設ける

　一つの文は75字程度を上限の目安として書くと、主語と述語の関係がわかりやすいと先述した。さらに、200字程度で段落を設けると、文章の構成が理解しやすくなる。文章の平均の長さが仮に50文字だとすると、四つの文章で1段落ということになる。こうすることで、続いて述べる文章の構成

がより明確になる。

(3) 起承転結で構成する

　趣旨が明快で興味を引き付けられる文章は、「起承転結」で構成されている。下の**表3-7**は、「起承転結」のポイントについて、「コンクリート添加剤の提案」を例に記したものだ。

表3-7●起承転結のポイントと構成例

	内容	例：コンクリート添加剤の提案	分量の目安
起	テーマを明確にして、そのテーマがなぜ大切かを絞り込む	なぜ、添加剤を入れることが必要なのか。それがこの工事の何に対して役立つのか	10%
承	テーマの論点を明確にし、テーマの中核となる内容を詳細に記述する。納得性のある内容と矛盾点がないことが大切だ	添加剤の効能、材料の化学的分析、費用、使用実績 （基本的には、数値を使って示すのがよい）	50%
転	テーマの論点を転換して、事例によってそれを証明する。「なるほど」という事例を書かなければいけない。テーマと論点、事例が同じ方向を向いていて、論点を深掘りするような事例がよい	同じような状況において、添加剤を入れることで問題解決した事例を挙げる。どんな効果があり、その結果、顧客やユーザーがどのような感想を持ったかなどを具体的に示す	30%
結	総合的なまとめである。テーマに戻り、テーマの論点を繰り返し、事例を再度簡単に述べてまとめる	添加剤の必要性と重要度を繰り返し述べて、締める	10%

(4) 問題解決型で構成する

　設計変更の提案や技術提案、企画書など、ある特定の課題に対して改善提案をするときには、以下の**表3-8**のように問題解決型の構成によって文章を作成するとよい。

表3-8●問題解決型のポイントと構成例

	内容	例：コンクリートクラック防止対策の提案	分量の目安
序論	業務の概要と結論を述べる	工事の全体像および提案するクラック防止対策の概要を述べる	10%
現状と問題点	現在の状態と抱えている問題点を示す。事実を述べるため、数値、図表を多用するのがよい	構造やコンクリートの品質、発生する応力などの論拠を示したうえで、クラック発生予想個所とその要因を記載する	50%
解決策の提案	現状と問題点を踏まえてその解決策に対する意見を記す。その解決策を考えるに至った背景を述べるとよい	クラックの発生を防止するために○△○△と考えて（対策立案の理由）、添加剤の導入という対策（対策の内容）を立案したことを述べる	30%
今後の課題	まとめと今後の課題を述べる	添加剤という対策を実施した場合の問題点と将来展望を述べる	10%

「できる限り」や「丁寧に」では評価されない

　事実と意見が混在していたり、あいまいな表現に終始するなどしていては、わかりにくいだけでなく、技術提案でも高い評価は望めない。数値などを用いて、明快に伝える表現を心がけよう。

（1）一般論と事実、意見を書き分ける

　一般論と事実、意見が混同していると読み手に誤解を与えかねない。これら三つを書き分けることが必要である。さらに、事実は他の事例などと比較して伝える方法もあるが、数値で示すのがベストだ。

表3-9●一般論と事実、意見の比較

一般論	事実や意見の説明、対策の評価などを実証する道具として活用する。一般論を引き合いにすることで、事実や意見の特徴や優位性を立証することができる
事実	論理的に立証されている内容
意見	書き手が考えていることであって、必ずしも正しいとは限らないこと

表3-10 ●書き方の違いの例①

改善前	この商品は全く売れない。 ⇒ 一般論か事実か意見なのかが不明確
一般論	一般に、この商品は全く売れないと（業界では）いわれている。
事実	この商品は○○万円しか売れていない。
意見	（私は）この商品は全く売れないと思う。

表3-11 ●書き方の違いの例②

一般論	一般に、紀州みかんは甘いと（日本では）いわれている。
事実	このミカンの糖度は○度である。
意見	（私は）このミカンは甘いと思う。

表3-12 ●事実の示し方と意見

事実	○○湖は500m^{2}である。
事実	○○湖は△△湖よりも広い。
意見	（私は）○○湖は広いと思う。

（2）提案の内容を定量化する

　昨今の総合評価落札方式では、あいまいで主観的な表現は評価されない。例えば、「できる限り…する」や「丁寧に……する」は避けるべきだ。顧客が客観的に定量評価できるよう、数値などを明記しよう。

表3-13 ●あいまいな表現と定量的な表現

あいまいな表現	できる限り、適宜、必要に応じて、迅速に、場合によっては、丁寧に、○○を徹底する、しっかりと、△△するように努力する、一丸となって
定量的な表現	工期短縮○日、CODを○○に削減、工事個所から半径100m以内の住民に事前のあいさつを実施

表3-14 ●定量的な表現の例

悪い例	良い例
安全運転を心がけるよう作業員に周知徹底する	工事車両の走行ルート上に監視所を設置し、監視員を常駐させる
アスファルト合材の温度が低下しないように	アスファルト合材の温度が110℃を下回らないように、搬入時の温度を140℃とする
高精度の建設機械を用いて	TE31型の機械を用いて
特殊な設備を使用して丁寧に施工する	○○の設備を使用して1層当たり○回の転圧をする

「創造力」で方向性を決めて「発想力」でまとめる

　例えば、ジグソーパズルを作成することを想定してみよう。このパズルを完成させるには何が課題なのかを考え、その課題をどのように解決していくか、どこからピースを置いていけばよいのかなど、考える力を「創造力」という。これに対して、たった一つしかないピースを探し当ててパズルを完成させる能力を、「発想力」と呼ぶ。

　つまり、相手が抱えている課題のうち、自らが解決できる課題（両者の共通課題）を探り、不安や不満、不信などの「不」を探し出す力が「創造力」であり、それに対して解決策を導き出す力が「発想力」に当たる。

　「創造力」は多くの人とコミュニケーションをとっているときに発揮されるのに対して、「発想力」は1人でアイデアを練っているときに発揮されることが多い。

　したがって、例えば技術提案を考える場合、まずは大勢の人たちとディスカッションし、「創造力」を発揮して大まかな方向性を明確にしたうえで、その後は1人でじっくりと「発想力」を発揮して提案をまとめ上げるとよい。

「創造力」と「発想力」が生んだユニクロのヒット商品

　ユニクロのヒット商品「ブラトップ」は、まさにこの「創造力」と「発想力」を発揮して生み出されたものだ。「ブラトップ」とはウエアの内側にブラジャーの機能が付いている商品である。女性の実に5人に1人が購入している大ヒット商品だ。

　多くの女性が「ブラジャーのラインが透けて見える」、「ブラジャーのひもが外に出る」、「ブラジャーを付けると肩が凝る」などの「不満」を持っていた。そこで、そのような「不」を解決する商品を開発しようとブラジャー付きシャツを考え出す力が「創造力」だ。

　そのうえで、ずれないようなブラジャーの素材や、洗濯しても取れないようなウエアとの接着方法などを考え出す力が「発想力」に当たる。

創造力によって共通の課題を知る

　創造力を発揮するためには、先に述べた「五力」のうち、「親密力」と「調査力」が欠かせない。相手と親密になって求めているものを知ることを通じて、自らが提案できるものを創造する力を生み出すからだ。

　相手が何を望んでいるか、何に対して「不」を感じているかを知り、その「課題」に対して自らが解決できる課題である共通課題を明確にすることで、自分本意でない提案をすることができる。**表3-15**に自分本意の課題と相手のことを考えた課題の事例を比較した。

表3-15●課題の違い

	自分本意の課題	相手のことを考えた課題
安全対策	・工事の進行を妨げられる ・工事に携わる作業員が緊急時に逃げ遅れる	・周辺住民が災害に巻き込まれる ・周辺住民が緊急時に逃げ遅れる
環境対策	・自分たちだけで環境被害を考える	・顧客や利害関係者（近隣住民、漁業組合、森林組合、地元自治会など）とともに環境被害を考える

　創造力を発揮するためには、脳に考える習慣を付けなければならない。そのためには体を動かすことが必要である。例えば次のようなことをすると脳に刺激が伝わる。

表3-16●課題確認・対策立案シートの記入例

	創造力	
	調査や分析の内容	問題点
品質	応力が集中するコンクリート部材がある	中長期的にクラック発生の恐れがある
原価	鋼材価格の高騰が予想される	工事費用が高くなる
工程	入手困難な資材が設計に含められている	当該資材を入手できないと工期遅延の恐れがある
安全	ダンプトラックの走行路に、電線の垂れた個所がある	電線にダンプトラックの荷台が接触する恐れがある
自然環境	ダンプトラックの走行路に畑がある	畑の作物がほこりを嫌うため、ほこりが付いた場合、損害賠償を請求される恐れがある
周辺環境	工事の完成に伴って、売り上げが減少する可能性のある店舗がある	当該店舗から嫌がらせを受ける恐れがある
周辺環境	現場周辺が通学路になっている	工事を行っていると登下校の児童が通行できない
職場環境	夏場の作業で休憩所がない	作業員が疲れて作業効率が低下する

・ワープロではなく、手書きの手紙を書く
・検索エンジンを使わず、事典で調べる
・いいかげんな姿勢ではなく、徹底して掃除をする
・カーナビを用いず、地図を見る
・インターネットでなく、書店や図書館で本を探す
・マニュアルどおりでなく、考えて動く

　創造力は現場を見ることで活性化する。現場をよく見て課題を書き出すことで、創造力が発揮される。そのため、課題確認・対策立案シート(**表3-16**)を基に現場を踏査したうえで、まずは現地調査や分析の内容、問題点を記入するとよい。

　現場を確認したら、数人が集まって徹底して討議することが創造力の発揮には欠かせない。この段階ではまだ結論を出す必要はないので、フリーディスカッションがよい。その際はブレーンストーミング(頭を嵐のようにかき乱す)の手法が効果的である(表3-16の空欄に書き加えたものは、106ページの**表3-17**を参照)。

発想力		
解決策	費用	採用の可否

写真3-1 ●討議によって創造力を発揮

(写真:熊谷組)

発想力で解決策を立案

「良いアイデアが浮かばない」、「なかなかアイデアがまとまらない」という声をよく聞く。一方、「彼はアイデアマンだ」とか「アイデアが豊富な人だ」などと言われる人がいる。この両人は脳が異なるのだろうか。

実際には、脳そのものには個人差はほとんどなく、脳へのインプットが異なるだけだ。では、発想力を生み出すためには脳にどのようなインプットをすればいいのだろうか。

発想力とは、ジグソーパズルにピースを当てはめるようなものと書いた。ということは、欲しいピースのくぼみの形が頭の中になければならない。欲しいピースの形が明確になっていると、目に触れたピースが、そのくぼみに当てはまるのかどうかを判別できるからである。

では、くぼみを頭に描くにはどうすればよいか。それは、できるだけ早期から考え始め、とことん、ギリギリまで考えることである。考えて、考えて、考え抜いてこそ、欲しいものが明確になってくる。**図3-3**に示したように、早い時期から考え始めてギリギリまで考える人と、ギリギリになって考える人とでは、思考の蓄積が大きく異なる。生じるアウトプットにも差が出てしまう。

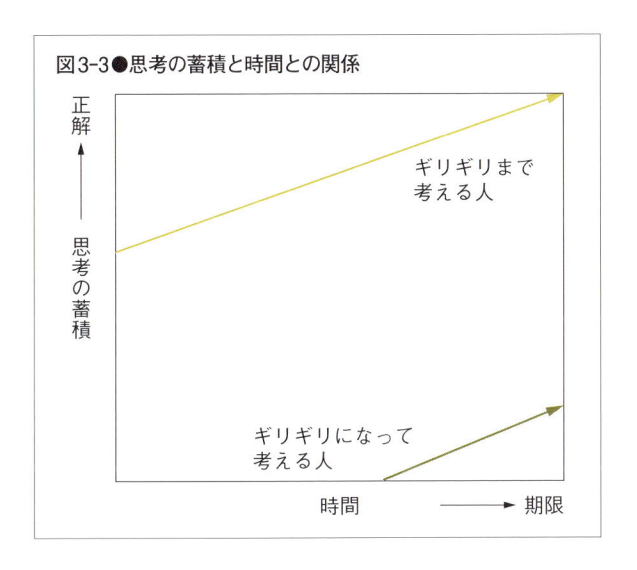

図3-3●思考の蓄積と時間との関係

縦軸：正解 ← 思考の蓄積
横軸：時間 → 期限

ギリギリまで考える人
ギリギリになって考える人

　とことん、ギリギリまで考え抜いた結果、欲しいくぼみが明確になれば、ピースを探し当てる作業になる。しかし、私たちの頭にはいろいろなピース（情報）が錯綜(さくそう)していて、いったいどれが当てはまるのかがわからない。

　そこで、それらの情報から断絶した場所をつくる必要がある。それはトイレであったり、風呂であったり、満員電車であったりする。歩くこともいいだろう。寝ることも頭を真っ白にする方法だ。ただし、1〜2分の空白では、アイデアは浮かばない。20分以上風呂に入ったり、2駅先まで歩いたりすることで浮かぶようだ。

　例えば歩くなどして体を動かすと、15分あたりから脳内にβ—エンドルフィンが分泌されて気持ち良くなり、25〜30分ごろにはドーパミンが出てアイデアがわき、そして40分を過ぎるとセロトニンが出てきてアイデアを実現可能にすることが、脳科学的に証明されている。ある時間帯に意識して、情報を断絶することがアイデアの発想には欠かせない。

　頭を真っ白にするとアイデアが降るように浮かぶかといえばそうでもない。適度な刺激が必要だ。それは全く関係のない人の話であったりする。他

表3-17●表3-16の課題確認・対策立案シートに解決策などを記入した例

	創造力	
	調査や分析の内容	問題点
品質	応力が集中するコンクリート部材がある	中長期的にクラック発生の恐れがある
原価	鋼材価格の高騰が予想される	工事費用が高くなる
工程	入手困難な資材が設計に含められている	当該資材を入手できないと工期遅延の恐れがある
安全	ダンプトラックの走行路に，電線の垂れた箇所がある	電線にダンプトラックの荷台が接触する恐れがある
自然環境	ダンプトラックの走行路に畑がある	畑の作物がほこりを嫌うため、ほこりが付いた場合、損害賠償を請求される恐れがある
周辺環境	工事の完成に伴って、売り上げが減少する可能性のある店舗がある	当該店舗から嫌がらせを受ける恐れがある
周辺環境	現場周辺が通学路になっている	工事を行っていると登下校の児童が通行できない
職場環境	夏場の作業で休憩所がない	作業員が疲れて作業効率が低下する

人の話を自分の経験に照らすことで、ピースが刺激されて降ってくるのだ。

現場に再度行くことも重要な刺激だ。それはあたかもジグソーパズルのくぼみの中に入ることである。くぼみに入って見上げると、ピースが見えてくるはずだ。

脳には、情報をインプットする感覚野と動きとしてアウトプットする運動野がある。感覚野とは見る、聞くなどの五感を通じて受け取った情報を理解し、記憶する働きをする。一方、運動野とは走る、踊る、歌う、描くといった体を使って何かを表現する働きをする。この二つは分業されており、関連していない。そこで、受け取った情報をアウトプットするためには、この二つをつなぐ機能が必要だ。それが、言葉である。

イチロー選手は、三振や凡打の後には必ず「ネクスト」と口に出して言うそうだ。そうすることで、次の打席のときに前の失敗を思い出さなくなる。逆にヒットを打った後は、必ずヘルメットの耳の部分に指を差し入れる。ヒットを打って浮かれてしまわないように「落ち着け」と言っているようだ。

「指差し呼称」という安全対策の手法がある。誤動作を防ぐために「速度

発想力		
解決策	費用	採用の可否
設計変更し、梁高を大きくする	100万円	×
概算数量で発注する	0円	○
代替品の検索と輸入	50万円	○
電力会社に申請して電線に防護を付ける	10万円	○
搬出口にタイヤ洗浄機を設置する	100万円	○
店舗の営業に影響を与えないように設計変更する	500万円	○
借地をして通学路を確保する	30万円	○
借地をして休憩ハウスを設置する	100万円	○

よし」、「信号よし」などと口にするのだ。速度超過や赤信号を見て、すぐにブレーキをかける動作につなげるために声に出すわけだ。

　このように見たものを口に出したりメモに取ったりすることで、その情報を次なる行動につなげることができるようになるのである。アイデアマンに「メモ魔」が多い理由がわかる。

　上の表は先の**表3-16**に、発想力によって生み出される解決策などを書き加えた例だ。創造力と発想力をうまく組み合わせて、業績向上に役立ててほしい。

表現力で相手に印象付ける

　提案書を作成したら、顧客に印象付けるプレゼンテーションをすることが必要だ。いくら良い提案書ができても、表現力が乏しければ顧客の心を動かすことはできない。

　公共工事では、技術提案する場合にヒアリングを行うケースがある。その場合でも、技術提案の説明のわかりやすさに加え、質問に対する回答の明確さが大切だ。以下に表現力のポイントを挙げる。

（1） 起承転結の構成

具体的な事例を踏まえ、提案内容が見えるように伝える。
- 最初の1分で何を言いたいかを伝える
- 起承転結のメリハリがわかるように伝える
- 顧客にも関連の深い具体的な事例で、顧客の興味をそそる
- 最後の1分で、結局は何を言いたかったのかを述べる

表3-18●起承転結の事例

起	京の五条の糸屋の娘	関心を引き、かつ全体像がわかるように切り出す
承	姉は16、妹14	本題に入り、詳しく説明する
転	諸国大名は弓矢で殺す	興味をそそる具体例を用いて意表を突く
結	糸屋の娘は目で殺す	結論を述べてスッキリとまとめる

（2） 熱意の伝染

気持ちの熱さを言葉に乗せて顧客に伝える。
- 「ここまで考えてくれているのか」と顧客が感じるように伝える。例えば、顧客の言葉を添えて説明する
- 顧客に視線を合わせて、一人ひとりへの個別提案であることを表現する
- 自己を開示し、親密さを感じさせる
- 表情と立ち姿勢に誠実さを感じさせる

（3） 顧客要望の把握

質疑応答でポイントをずらさない。
- 顧客の質問を歓迎する姿勢を示す。例えば、どんな質問にも笑顔で「ご質問ありがとうございます」と受ける
- 顧客の要望や質問の意図を正確に理解し、不明確なまま答えない
- 答えられない質問に対していい加減に答えず、追って回答する旨を伝える
- 顧客の要望や改善提案を取り入れ、提案を進化させていく姿勢を示す

3 交渉力の高め方

　3章の1でも述べたように、現場代理人は多くの人とコミュニケーションをとりながら仕事をする。顧客や協力会社、近隣住民、利害関係者だけではなく、上司や部下とも良好なコミュニケーションを築くことは、現場代理人の重要な責務である。

　コミュニケーションの過程では、相手に要求したり、相手の要求に対応したりすることがある。葛藤が生じる場合も少なくないが、お互いが納得のいく形でまとめなければならない。この能力を交渉力という。以下では、交渉力をいかにして高めるかについて考えてみよう。

交渉の基本は説得しないこと

　交渉の基本は、説得しないでともに勝つということだ。相手を交渉で打ち負かしても、いつの日か仕返しをされる。逆に相手に打ち負かされると、嫌な気分が残ってしまう。いかに両者の利害を調整して、双方が自発的に合意する形にするかが重要だ。それには、交渉に臨む自分がどうあるべきかをまずは考える必要がある。四つのポイントを挙げて、それぞれ解説しよう。

(1) しっかりと自己主張する

　交渉力を高めるためには、まずは当方の思いを率直に伝えることが大切だ。伝えたい相手にしっかりと自己主張することを、「アサーティブ（Assertive）コミュニケーション」と呼ぶ。アサーティブとは「表明する、主張する」の意味である。

　しかし、その主張が強すぎたり（アグレッシブ）、弱すぎたり（パッシブ）して相手にきちんと伝わっていない場合が多い。

　「アグレッシブ」は攻撃的。アグレッシブな人は言いたいことはなんでも言うし、誰にでもストレートに表現してしまう。交渉の際にも、こちらの主

張を強引に押し付けようとするので、「もう、あなたとは仕事をしたくない」と言って、人が離れていってしまうこともある。

「パッシブ」は受け身的。パッシブな人はいいたいことが他にあるのに、まわりくどく言ってしまう。交渉の際にも、はっきり言わないので、何を求めているのかが相手に伝わっていない。

これら3種類のタイプを、例えば協力会社に仕事を依頼する場合で比べると以下のように異なる。
- アサーティブな言い方＝「…をお願いします。もしもこの条件で難しければご連絡ください」
- アグレッシブな言い方＝「…をお願いします。以上」
- パッシブな言い方＝「お忙しいところ申し訳ありませんが…。〇日までに返答をいただけますと幸いです。お手数ですが、なにとぞよろしく…」

表の3-19と3-20に、アグレッシブな人やパッシブな人に見られる特徴とアサーティブな交渉事例をそれぞれ比較した。

表3-19●アグレッシブな人の特徴とアサーティブな例

アグレッシブな交渉事例	アサーティブな交渉事例
過去の話を持ち出す ＝「だいたい」、「そもそも」、「いつも」 例：以前の工事で失敗されましたね。だから今回は値引きをしてください。	いま、この時点、この場所での話として伝える 例：この案件をぜひとも受注したいので、コストダウンのご協力よろしくお願いします。
マイナスの言葉が多い ＝「ダメだ」、「忙しい」、「できないだろう」 例：この金額では到底、納得できませんよ。	「できる」、「やれる」などのプラスの言葉で伝える。褒める、感謝する 例：いつもいい仕事をしていただいているので、ぜひとも貴社に発注したいのです。
「Youメッセージ」で相手を全否定する ＝「あなたは……だからダメなんだ」 例：あなたの会社で努力していただき、値下げをお願いします。	「私は…と感じるよ」と、「Iメッセージ」で伝える 例：私も厳しい単価だと感じます。そこをなんとか、ご支援よろしくお願いします。

表3-20 ●パッシブな人の特徴とアサーティブな例

パッシブな交渉事例	アサーティブな交渉事例
前置きや言葉のクッションが多い ＝幸いです、なにとぞ、ご多忙のところ、すみません 例 ご多忙のところ、見積もりを作成していただき、本当にすみません。	「えー」や「あのー」は飲み込み、感謝の気持ちを表す 例 見積もりの作成、ありがとうございました。
言い訳が多い ＝「うちの上司が…」、「会社では認められていないので…」 例 貴社の見積金額では、上司を納得させられないので……。	言い訳を飲み込み、自分の言葉で話す 例 貴社に発注するよう、私から上司に進言しますので、もう少しコストダウンをお願いできませんか。
相手の表情や反応を見ていない 例 下を向いて、紙を見ながら話す	投げたボールの行方を見届け、戻ってきたボールを使って次のボールを投げるようにする 例 相手の目を見て話す

（2）「ハロー効果」を活用する

　ハローとは後光という意味だ。人は、後光が差している人物をすごいと思い込んでしまうところがある。例えば医師や弁護士、博士、一級建築士、技術士などの難しい資格を持っている人に対する評価だ。

　著名人の親戚など、血筋がいいと思われることもハロー効果の一つといえる。血筋がいいと、周りの人から「この子はすごいに違いない」と言われ続けることでその気になってしまい、実際にその通りになることもある。これをピグマリオン効果と呼ぶ。

　一級建築士や技術士などに挑戦したり、社会人大学院などに挑戦してMBA（経営学修士）を取得したり、有名人と知り合いになれるように努力したりすることでハロー効果を得て、交渉を有利に進めることができるようになる。

（3）決してあきらめない

　決してあきらめないことも、能力の一つだ。これは、困難な状況にもかかわらずうまく適応する能力のことで、「レジリエンス」と呼ばれる。この能力の持ち主は感情の安定性が高い。

通常、嫌なことがあれば「俺はだめな男だ」と落ち込み、良いことがあると「俺は天才だ」と高揚するものだ。一方、感情の安定している人は、すぐに平静になることができる。ピンチのときに登板したリリーフ投手が、平然と投球する姿を見るとレジリエンスの高さを感じる。スポーツ選手には欠かせない能力だ。

レジリエンスを高めるためには、周囲の人々の言葉に耳を傾け、それを受け入れる努力をすることが大切である。徳川家康には、家康を戒めて怒る人たちがいたことが、天下統一を成し遂げた秘訣といわれている。織田信長や豊臣秀吉には残念ながらそのような人たちがいなかったことから「俺は天才だ」と思ってしまい、事を成し遂げられなかったのかもしれない。自分にとって嫌なことを指摘してくれる先輩や仲間を大切にし、謙虚にその人たちの声に耳を傾けることで交渉に負けない自分をつくることができる。

(4) 人間的魅力を身に付ける

同じことでも、「あの人に言われたのなら納得してしまう」と思われる人がいる一方で、「あの人には言われたくない」と反発される人もいる。これは人間的な魅力が影響する部分が大きい。

「木鶏」という言葉がある。どのような闘鶏が真に強いかという話である。相手に対して空威張りして闘争心があったり、いきり立っていたり、目を怒らせて己の強さを誇示したりしているようでは、まだまだだ。相手の闘鶏が鳴いても全く相手にせず、まるで木で作られた鶏のように平然としていると、戦わずして勝てるようになる。これが木鶏だ。横綱の双葉山が69連勝の後に破れたとき、「われ、いまだ木鶏たりえず」と話したことは伝説的に語られている。

人間的な魅力を身に付けた人は相手に惑わされることなく、座っているだけで多くの人たちの模範となり、人を説得し、納得させてしまう。一朝一夕にそれを得ることは難しいが、故事や古書を学び、それを実践することで木鶏に少しでも近付きたいものだ。

無理やりでなく自発的に同意してもらう

　交渉とは、相手を無理やり説得するのではない。相手が自発的に当方の意見に同意してくれることだ。ではどのようにすれば、相手が自発的に受け入れてくれるような有利な交渉をすることができるのかを解説しよう。

　ここでは現場代理人Ａ氏の交渉相手として、顧客のＢ氏、協力会社のＣ氏、近隣住民のＤ氏、Ａ氏の会社の社員のＥ氏をそれぞれ考えてみよう。

（1）「本当のところ」を問いかける

　相手が本当に何を望んでいるのかを知らずに交渉しても、うまくはいかない。そんなときに「本当のところは何ですか」と問いかけると相手が深く考えてくれるので、本当の気持ちを知ることができる。現場代理人のＡ氏と協力会社のＣ氏との金額交渉の事例で見てみよう。

　　Ａ氏「この金額でなんとか施工してもらいたいのですが、いかがでしょうか」。
　　Ｃ氏「そんな金額ではできないよ。ほかを当たってくれよ」。
　　Ａ氏「そうですね。厳しい金額ですよね。ところで今、何が一番お困りですか」。
　　Ｃ氏「そうだなあ、やっぱり会社の経営がたいへんだねえ」。
　　Ａ氏「本当のところは何ですか」。
　　Ｃ氏「仕事の忙しいときと暇なときとの差が激しいことだね」。
　　Ａ氏「そうですか。では、今回の工事は工期に多少の余裕があるので、Ｃさんの希望する工期で施工するよう心がけます。なんとかこの金額で施工願えませんでしょうか」。
　　Ｃ氏「君もいいところをつくねえ。わかったよ」。

　人は、本当に望んでいることをかなえてもらえば、他のことには多少、目をつぶるものである。本当に欲していることを聞き出すことがポイントだ。

（2）二者択一で選択肢を狭めていく

　自分の主張を繰り返すだけでなく、相手が選びやすく、かつ承諾しやすい選択肢を考えておき、少しずつそれを小出しにするとよい。以下は、住民と交渉のアポイントを取るときの事例である。近隣の人たちが工事に反対しており、現場代理人のA氏は住民のD氏に協議の時間をつくってほしいと交渉している。

　　A氏「工事の説明を一度させていただきたいのですが、来週と再来週で比較的時間に余裕があるのはどちらでしょうか」。
　　D氏「今は忙しいのでね。でも再来週であればなんとかなるかな」。
　　A氏「ありがとうございます。では再来週の前半か後半で、時間に余裕があるのはどちらでしょうか」。
　　D氏「そんな先のことはわからないけれど、週末はなにかと用があるので前半かな」。
　　A氏「ありがとうございます。5分だけお時間をいただきたいのですが、月曜と水曜であればどちらがいいですか」。
　　D氏「月曜日は疲れていることが多いからなあ」。
　　A氏「では水曜日の夕方6時にお伺いします。どうぞよろしくお願いします」。

　いきなり「お時間をいただけませんか」では、「忙しい」で終わってしまう。イメージしにくい先の予定をまずは考えてもらい、その後は二者択一で徐々に選択肢を狭めていくわけだ。

（3）ストーリーで共感を得る

　「追いかけると逃げる」の言葉通り、無理やり相手を説得しようとしても逃げてしまう。そこで、相手が共感する話（ストーリー）をすることで興味を持ってもらい、同意を得る方法もある。以下に、後輩社員から相談を受けている事例を取り上げる。社員のE氏が、会社の先輩のA氏に相談しているところだ。

E氏「Aさん、実は会社を辞めようと思うのですが…」。
A氏「いったいどうしてだい」。
E氏「建設現場は朝早くから夜遅くまで働きづめだし、建設業の先行きも不安なんです」。
A氏「そうか。実は私も10年前、E君と同じ気持ちだったよ」。
E氏「えっ、そうなんですか」。
A氏「ちょうど結婚したばかりで、家内からあなたはいつも家に帰るのが遅いし、子供の面倒を見てくれないと言われたんだ。それに、建設業には将来性がないと新聞に書いてあるけど、あなたの会社は大丈夫なのって」。
E氏「僕の家内も同じことを言います」。
A氏「そんなとき、ダム工事現場の近くの住民から言われた一言が僕の人生を決めたよ」。
E氏「なんて言われたのですか」。
A氏「それはりんご農家の人で、その地域は水道が引かれていないので、川の水を畑で使っていたんだ。だから渇水が起きると畑の水がなくなり、果実の収穫に影響していたそうだ。『ダムができると水道が引かれ、渇水の心配がなくなるので、早く完成させてほしい。期待しています』と言われたんだ」。
E氏「完成したらさぞ喜ばれたでしょうね」。
A氏「完成後、現場に行ったら地元の人たちに大歓迎されたよ。『ダムのおかげで収穫量が増えたし、以前よりもおいしいリンゴができるようになりました。ありがとうございました』と。それ以来、私は『ありがとう』と言っていただける人がいる限り、建設の仕事をしていこうと決めたんだ」。
E氏「すばらしいお話ですね。お客様というと、普通は発注者のことを思い浮かべるのですが、私たちの造ったものを使う人がお客様なのですね。僕ももっと『ありがとう』と言ってもらえるよう、この仕事でがんばります」。

そのタイミングに合ったストーリーを持っていると、相手に共感してもら

うことができる。それには、たくさんの話の引き出しを持っておくことが大切だ。そのためには日誌を毎日書き、本を読んだら書評を書き残し、エピソードを体系化しておくとよい。

（4）返事は「イエス」と「イフ」で

　交渉では、断りたいときも了解したいときも、こちらの返事は「イエス、イフ」（はい、ただし）とする。「イエス」と言って基本的には了解しながら、「イフ」と言って当方にとって有利な譲歩を求めるのである。現場代理人のＡ氏が、顧客のＢ氏と金額について交渉している事例で見てみよう。

　Ｂ氏「あと50万円、見積もりを下げてもらわないと契約できませんよ」。
　Ａ氏「はい、わかりました。ただし、工期を1カ月延ばしていただけませんでしょうか。そうすれば社員である職人の手が空いてきますので、その金額で施工可能です」。
　Ｂ氏「特に急いでいるわけではないので、50万円下げてくれるのなら納期を1カ月遅らせてもいいですよ」。

　相手から譲歩を引き出せば、最初に望んだ以上の成果が得られることもある。

（5）自分の矛盾に気づかせる

　「イエス、イフ」の方法と似ているが、「イエス、バット」と相手に質問することで、相手が自分の言っていることの矛盾に自ら気づくという手法だ。リフォーム工事に関して迷っている顧客のＢ氏に、現場代理人のＡ氏が決断を迫る事例で見てみよう。

　Ｂ氏「リフォーム金額の50万円は高すぎます。今はボーナスも減りましたし、リフォームに回すお金がありません」。
　Ａ氏「その通りです。この金額はおっしゃる通り決してお安くないと思います。ところで、何と比較して高いとお考えになりましたか」。
　Ｂ氏「テレビとかパソコンとか…」。

A氏「なるほど、テレビやパソコンなどと比べると高いですね。ところでテレビやパソコンは何年くらいお使いになりますか」。
B氏「テレビはせいぜい7〜8年でしょうか。パソコンは5年程度ですね」。
A氏「そうですね。しかし、ご自宅のリフォームは、20年以上使えますね」。
B氏「そうか、使用期間が随分違うので単純な比較にはならないですね」。

　顧客が自らの発言のおかしさに気づけば、自分からその発言を引き取ってくれるのだ。そのためには、それに気づいてもらうための適切な質問が欠かせない。

(6)「もし仮に」でプラスのイメージを膨らませる

　交渉の最後は「クロージング」と呼ばれ、相手の背中をポンと押す一言が必要だ。それは「仮に」である。例えば仮にその商品を買ったり、工事を行うことになったりしたらどうなるのかを想像してもらうのである。知り合いをなかなか紹介してくれない顧客のB氏の背中を、現場代理人のA氏が押すやり取りを例に見てみよう。

A氏「この度はご自宅の新築工事をご発注いただき、ありがとうございます。その後の住み心地はいかがですか」。
B氏「とても気持ち良く暮らしていますよ。家内もキッチンが使いやすいと喜んでいます」。
A氏「お褒めいただき、ありがとうございます。ところでお知り合いで、住宅を建てられる方がいらっしゃったらご紹介いただけませんでしょうか」。
B氏「そうですねえ。でも紹介するとなると責任も生じるし、満足していないわけではないけれど、他の人を紹介するということはまた別の話だね」。
A氏「わかりました。ところで、もし仮にご紹介いただくとすれば、ご兄弟とか親せきの方でしょうか」。
B氏「私は4人兄弟で、弟と2人の妹がいるので紹介するなら兄弟かなあ」。

A氏「もし仮にご紹介いただくとすれば、お3人の中でどなたですか」。
B氏「それは弟だね。今は社宅に住んでいるんだけれど、退去しなければならないと言っていたからね」。
A氏「弟さんがもし仮に家を建てるとすると、いつごろでしょうか」。
B氏「子供の進級のこともあるので、3月までに引っ越さないといけないだろうね」。
A氏「今は8月ですが、設計や工事の期間を考えると、9月までには施工会社を決める必要がありますね」。
B氏「そう言えばそうだね。今から早速、弟に電話するよ。Aさん一度話を聞いてやってください」。

「もし仮に」と言いながら、相手にプラスのイメージを膨らませ、それを決断に結び付ける手法である。良いイメージがわくような問いかけをすることが重要である。

(7) それでも駄目なときには

交渉に長期間かかり、これ以上話し続けてもうまくいかないと感じたときには、最後の手段「そこを何とか」だ。

相手が反論すると「そこを何とか……」、さらに渋ると「そこを何とか……」、それでも合意しないと「そこを何とか……」。3度続けると、「そこまで言われるのなら」と合意してもらえることもある。先に述べたように、決してあきめないことも交渉力である。

舗装工事をちゅうちょする店長の決定を手助け

　クロージングについて、舗装工事の場合で考えてみよう。現場代理人のＡ氏は駐車場の舗装工事の図面や見積書を作り、それをコンビニエンスストアの店長に説明した。しかし、店長は工事をすることにちゅうちょしている。
　店長「舗装工事をすることについて、もう少し検討させてください」。
　Ａ氏「どういったことを検討されますか」。
　店長「予算とか…」。
　Ａ氏「予算は気になるところですね。ところで、本当のところはどうでしょうか」。
　店長「本当のところですか…。今すべきタイミングかどうかとか、お客様に迷惑がかからないかとか…」。
　Ａ氏「ではもし仮に、駐車場の舗装工事をするとしたら土日がいいですか。それとも平日の方がいいですか」。
　店長「やはりお客様の少ない平日かなあ。ところで、その工事は何時間くらいかかるのですか」。
　Ａ氏「5時間くらいです」。
　店長「それなら、水曜日の午後がいいです。納品がないからです」。
　Ａ氏「ところで舗装の色ですが、通常の黒っぽい色のほかに、カラー舗装というのもできます」。
　店長「他店ではどうですか」。
　Ａ氏「カラー舗装ですときれいなのですが、後で汚れが目立ちますので、やはり黒が多いです」。
　店長「舗装がきれいになると、お客様は入店しやすくなるだろうね」。
　Ａ氏「そうですね。必ず商売繁盛しますよ」。
　店長「では、工事をお願いすることにします。どうぞよろしくお願いします。提案していただき、ありがとうございました」。
　がっちり握手。

情報を事前に集めて優位な状況に

　交渉に優位な状況をつくるには、まずは自分に有利な情報を事前に集めておくことが大切だ。どんな相手か、相手が何を望んでいるかを知っておこう。そのうえで、何を譲歩できるか、どこまで譲歩できるかを準備しておく必要がある。

　121〜123ページの表3-21〜表3-23は顧客や協力会社、近隣住民との交

渉で、準備しておくとよい項目と対応例をそれぞれまとめたシートだ。以下に述べるポイントと併せて参考にしてほしい。

（1）権限を持つ人を引っ張り出す

相手に譲歩を迫るときには、権限を持っている人をターゲットにするのがよい。権限を有する人であればその場で決めざるを得ないので、譲歩を勝ち取りやすいのだ。権限を有しない人と交渉しても「上司と相談します」と逃げられてしまう。

（2）役割分担を決める

表3-21～表3-23にも示したが、チームで交渉する場合は役割分担するのがよい。悪役と善役を決めておくと特に効果的だ。以下は、現場代理人のA氏とその部下のB氏が、協力会社の社長のC氏と交渉している事例だ。A氏が善役、B氏が悪役である。

B氏「以前の現場では、あなたの会社の職人がミスをしたせいでわが社は損害を被った。だから、この現場ではどうしてもこの単価でやってほしい」。
C氏「当社の職人がミスをしただけでなく、Bさんも測量ミスをしたではないですか。わが社にだけ責任を押し付けるのは、やめてほしい」。
B氏「測量ミスなんてしていない。職人が私の出したポイントを間違えて解釈して施工したのが原因だ」。
C氏「Bさんが職人にきちんと説明していないことが、そもそも問題だ」。

そこに現場代理人のA氏が割って入る。
A氏「B君、そんな言い方はよせ。相手の立場も思いやらなければならないぞ。ちょっと席を外してくれ」。

部下のB氏が退席。
A氏「Cさん、B君の言い方が悪かった。許してください。当方にミスがあったことは認める。申し訳ありませんでした」。

C氏「Aさん、私の方こそ、すみませんでした。職人がミスをしたことは事実です。私もちょっと言い過ぎでした。Aさんが私どものことをよく考えてくれていることが十分にわかりました。今回は、ご指示の単価で施工させていただきます」。

A氏「Cさん、ありがとうございます。今後、もしも当社のミスがあれば変更を認めますので遠慮なく言ってください」。

悪役と善役を決めるにあたっては、しっかりと準備して、交渉に臨まなければならない。

表3-21●顧客と交渉する際の準備シートの例

交渉内容	設計変更における金額交渉
譲ってはならない原則	顧客と良好な関係を築く
交渉相手 (会社名、役職、氏名)	○○株式会社　　○○部　　○○部長 　　　　　　　　　　　　　○○課長 　　　　　　　　　　　　　○○担当
交渉相手の情報	・これ以上予算はないと言っている ・業績は好調 ・部門予算に余裕があると小耳に挟んだ
当方からの要求事項	追加工事費1500万円
先方の要求事項	追加工事費1000万円
当方からの譲歩の選択肢	ギリギリライン　1200万円
相手に求める譲歩の選択肢	1. 来年度工事の○○を優先して発注していただく 2. 使用する材料を○○にしていただく 3. 工期を○月までという相手の要求を◇月まで延ばしていただく 4. 工事担当者を○○から△▽に変更させていただく 5. 施工会社を○○から■■に変更させていただく 6. 午後5時までだった作業時間帯を、午後9時まで作業させていただく 7. 電気や水、ガスを支給していただく 8. 材料を現物支給していただく 9. 現場事務所を使わせていただく
チームの役割	担当○○　悪役：こちらの要求と相手の失態部分を強く話す 部長○○　善役：相手と担当との仲介に入る
必要な法律	・建設業法 ・商法 ・建築基準法

（3）第三者の力を借りる

交渉がこじれたら、お互いが信頼できる第三者に仲介してもらう。権威のある中立の立場の人でなければならない。例えば、評価会社や審査会社などが考えられる。

（4）裁判も視野に

それでももめたら、いよいよ法律に裁かれる。そのためにも関連する法律を熟知しておこう。さらに、相手と交わした契約書や打ち合わせ議事録、時にはボイスレコーダーで証拠をつかんでおくことも必要である。

表3-22●協力会社と交渉する際の準備シートの例

交渉内容	施工前の金額交渉
譲ってはならない原則	・着手日の厳守 ・必ずしもこの協力会社に発注しなくてもよい
交渉相手 （会社名、役職、氏名）	○○有限会社　　○○社長 　　　　　　　　○○職長
交渉相手の情報	・経営的には厳しい様子 ・業務の多忙時期と閑散時期との差が大きく、現在のところ閑散時期である
当方からの要求事項	価格1100万円
先方の要求事項	価格1500万円
当方からの譲歩の選択肢	ギリギリライン　　1300万円
相手に求める譲歩の選択肢	1. 腕のいい職人のAさんに担当してもらう 2. 職長を付け、写真撮影や出来形測定の補助をしてもらう 3. 今回の工事は学校の耐震工事なので、学校関係者にきちんとあいさつすること。あいさつが不十分だと減額する 4. 朝礼を現場代理人の指示の下、元気良く行うこと
チームの役割	担当○○　悪役：こちらの要求と相手の失態部分を強く話す 部長○○　善役：相手と担当との仲介に入る
必要な法律など	・建設業法 ・商法 ・標準工事仕様書

表3-23●近隣住民と交渉する際の準備シートの例

交渉内容	施工時の交通経路、ガードマンの配置
譲ってはならない 原則	工期通り施工する
交渉相手 （会社名、役職、氏名）	自治会長の○○さん、学区長の○○さん
交渉相手の情報	・自治会長、学区長とも大手企業に勤務しており、交渉に慣れている ・長年この地域に住んでおり、愛着がある
当方からの要求事項	・登校路にダンプトラックを走らせる。ただし、徐行運転とする ・ガードマンは工事個所の前後に配置する
先方の要求事項	・登校路にはダンプトラックを走らせない ・ガードマンは工事個所の前後に加えて、主要交差点4カ所に配置する
当方からの 譲歩の選択肢	1. 一部の経路を登校路の外にすることはできる 2. 追加ガードマンは2カ所まで 3. ダンプトラックが通行する登校路には、歩車分離柵を設置する
相手に求める 譲歩の選択肢	1. 学区の役員に交通整理をお願いする 2. 先生から生徒に交通安全の指導をしていただく
チームの役割	担当○○　悪役：こちらの要求と相手の失態部分を強く話す 部長○○　善役：相手と担当との仲介に入る
必要な法律	・交通安全法 ・道路法

第4章

顧客満足を超える

1 満足と感動の違いを理解
2 「ニーズ」と「ウォンツ」を先取り

1 満足と感動の違いを理解

　現場代理人が工事に際して顧客満足度を高めることは重要だ。民間工事であれば引き続き工事を受注できたり、他の顧客の紹介に結び付いたりすることがある。公共工事でも、総合評価落札方式による発注の場合は顧客満足の度合いが「工事評価点」という形で評価され、工事で加点される仕組みになっている。このように、顧客満足度を上げることは業績向上のために欠かせない。

　工事を施工する前の顧客の気持ちを「事前期待」、竣工後の顧客の気持ちを「事後評価」と呼ぶ。この二つの関係は、以下の3パターンになる。

(a) 事前期待＞事後評価
(b) 事前期待＝事後評価
(c) 事前期待＜事後評価

　(a) は不満足の関係だ。顧客の期待を下回る施工をしたために、評価が低いのである。出来栄えが悪い、工期が遅延した、当初の要求通りの建物でないなどの場合だ。クレームとして工事費の減額を要求されるほか、サービス工事をせざるを得ないこともある。

　(b) は満足の関係になる。顧客が当初に期待していた通りの施工をした場合だ。事前の打ち合わせで顧客が話した通りの建物であり、図面にもその通りの記載があり、工期や施工状況も問題がない。しかし、場合によっては、「問題はないんだけれど、何か違うんだよなあ」と顧客がつぶやくこともある。満足はしてもらえているが、積極的に他の顧客を紹介してもらえない場合はこのケースに当たる。

　(c) は、顧客が期待していた以上の施工をした場合だ。例えば、現在の家族構成に対応した住宅の間取りを当初、求められたとしよう。それに対し

て、5年後や10年後の家族構成を考えた間取りを提案でき、顧客の思いもよらない家が完成した場合がこれに当たる。

こんな場合には、増築や改修にあたっても、再び良い提案をしてもらえると期待して、同じ会社に繰り返し発注することだろう。それどころか、友人や親せきが家を建てるとなったら、積極的に紹介してもらうことができる。

顧客が喜びを「感」じて、リピート発注したり、紹介したりという行「動」を取るため、この関係を「感動」の関係と呼ぶ。

顧客が気づかない要求に応えて「感動」

このように顧客に感動してもらえると、営業しなくても引き続き工事を受注することができる。これに対して、顧客が満足するだけだと浮気されることがある。営業マンが熱心だったり、価格が安かったりすると別の会社に発注されてしまう。

では、どうすれば「顧客感動」の関係をつくることができるのだろうか。顧客の要求は、以下のように要望（ニーズ）と欲求（ウォンツ）とに分けられる。

　要望（ニーズ）＝顧客が口頭や書面で示した顕在意識における要求事項
　欲求（ウォンツ）＝顧客が口頭や書面で示していないが、潜在意識において心から欲している要求事項。これは本人も気づいていないことがある

要望（ニーズ）に対応した工事をすると、上記（b）の関係になり、顧客満足を達成することができる。ところが、要望（ニーズ）に加えて欲求（ウォンツ）も満たすような工事をすると、上記（c）の関係になって顧客の感動を招くことができる。

ある建設会社での話である。営業成績の悪い営業マンH氏と製造業の顧客とがやり取りしている。

H氏「この度は見積もりを依頼していただき、ありがとうございます」。
顧客「使用機械が増えたので、コンプレッサーの容量が不足したように感じています。そこで、コンプレッサーを1台増設して機械の生産効率を上げたいので、見積もりをお願いします」。
H氏「はい、わかりました。どの程度の容量が必要ですか」。
顧客「増設した機械の必要空気量をここに書いておきましたので、それを基に容量を定めてください」。

数日後、
H氏「見積書ができました」。
顧客「えっ、高いなあ。これでは予算オーバーだよ。こんなにかかるのなら、だましだましこのままいこうかな」。
H氏「高いですか。では20％くらいなら値下げできます」。
顧客「いきなり20％も下げられるのなら、最初からそう言ってくださいよ。あなたは信頼できませんね」。

続いて、営業成績の良い営業マンI氏のケースを取り上げる。同じ場面でのやり取りを見てみよう。
I氏「この度は見積もりを依頼していただき、ありがとうございます」。
顧客「使用機械が増えたので、コンプレッサーの容量が不足したように感じています。そこで、コンプレッサーを1台増設して機械の生産効率を上げたいので、見積もりをお願いします」。
I氏「現場を見せていただいてもいいですか」。

現場を視察後、
I氏「現在の配管から多くの空気が漏れています。機械の音が大きいので気づかないのですが、この空気漏れ検出器によると、1カ所で○m³/時も漏れている個所がありました。空気が漏れている配管を修理すれば、空気量は○m³程度増える可能性があります。それだけで、増設した機械に必要な空気量を賄えると思います」。
顧客「えっ、そうなのですか。空気の漏れには気づきませんでした。少し

本業に徹せよ、しかし本業を離れよ

　東京商工リサーチの2008年の調査によれば、創業100年を超える超長寿企業は、全国で2万1066社に上る。都道府県別では東京都の2377社、大阪府の1186社、愛知県の1106社の順だ。県別の全企業に占める割合では、京都府と山形県が2.62％で最高だった。

　超長寿企業の特徴は、「本業重視」と時代に合わせて変化する「柔軟性」とを兼ね備えていることだ。まさに「本業に徹せよ、しかし本業を離れよ」である。

　そのためには、現在の技術力を磨きながらそれを生かして柔軟に新技術を開発する必要がある。そのことで顧客の期待を超える技術が生まれ、感動を呼ぶことができる。

　以下に二つの実例を紹介しよう。

　H社は公共土木工事を主体とする建設会社だ。数年前に公共工事の減少を見越して木造住宅への進出を図った。しかし、住宅そのものに特徴がなかったので、売り上げは伸び悩んだ。そのとき、H社長は「地下室」に目をつけた。周辺への防音性能に優れているので、ピアノを弾く人や趣味で映画鑑賞をしたい人には人気がある。問題は技術力だ。普通にコンクリートを打設すると地下水が浸透し、たちまちカビだらけになってしまう。

　H社は公共土木工事を通じて地下タンクなどの施工技術を持っていたことから、地下の鉄筋コンクリート構造物の施工は得意である。水密性の高いコンクリート材料と打ち継ぎ個所の止水技術を開発し、地下室付き住宅を販売したところ、快適な地下室空間を楽しみたいという顧客の欲求（ウォンツ）を満たすことができ、顧客の感動を呼んだ。その結果、大幅に販売量を伸ばすことができたのだ。

　防水工事業のT社は、これまで建設会社の協力会社として、主として新築建築工事の防水工事を手がけてきた。しかし、年々工事量が減り、さらにそれに輪をかけて単価が削減され、利益が圧迫されてきた。

　T社の強みは、防水材料だ。通常、屋上防水材は10年程度で可塑化するのに対して、親会社である化学材料製造会社が開発した防水材料は20年たっても弾性が残る。しかも、タイルをはがさずに、古いタイルの上から防水材料を塗布することでクラックからの浸水を防止する防水材料も開発することができた。

　この技術を用いることで、T社長は新築を捨て、改修工事を専門とすることを決意。さらに下請け工事主体だった組織を元請け工事が実施できるように改編し、現場代理人に対して元請け技術者としての社員教育を徹底した。

　その結果、2002年に7億円程度だった売り上げが2008年には11億円と急増した。まさに顧客の欲求（ウォンツ）に応じた材料開発が生んだ好業績だ。

前に点検したので大丈夫だと思っていました」。
I氏「目につかない個所でしたし、隣に大きな音のする機械があったので、気づかなかったのだと思います。それでは、配管工事の見積もりを作成いたします。配管を修理する方が、コンプレッサーを増設する場合に比べて半分程度の予算で済みますし、その後の電気代も安くなります」。
顧客「それは助かります。ありがとうございます。余った予算で別の補修工事をやれますね。ランニングコストも安くなり、本当にありがたいです。追加の補修工事もあなたに見積もってもらいたいので、よろしくお願いします」。

　H氏は、顧客の要望（ニーズ）であるコンプレッサーの新設費を見積もっただけなのに対して、I氏は業績を上げたいという顧客の欲求（ウォンツ）に応じた提案をしたため、満足を超える感動を招いたのである。

　ここでは主役を営業マンとしたが、技術営業を推進している会社であれば、現場代理人でも同様のことが言える。

満足度が高まるだけでは感動に至らない
　満足を超える感動を顧客に提供しようとすると、すぐに考えるのが値引きやサービス工事の実施である。値引きやサービス工事に顧客は喜ぶが、何度も繰り返すと自社が疲弊する。顧客はそれに慣れてしまうので、さらなる値引きやサービス工事を要求され、泥沼に入ってしまう恐れがある。

　工事を繰り返し発注してくれる顧客の案件の収支を確認すると、あまり利益が出ていないことが多い。これでは、何のために仕事をしているのかわからなくなる。

　では、満足と感動の違いは何だろうか。図4-1を見てほしい。横軸は右側ほど満足度が高く、左は不満足だ。感動は満足の延長線上にあるのではなく、縦軸の関係になる。縦軸は上側ほど感動の度合いが増し、下は失望だ。

4-1 満足と感動の違いを理解

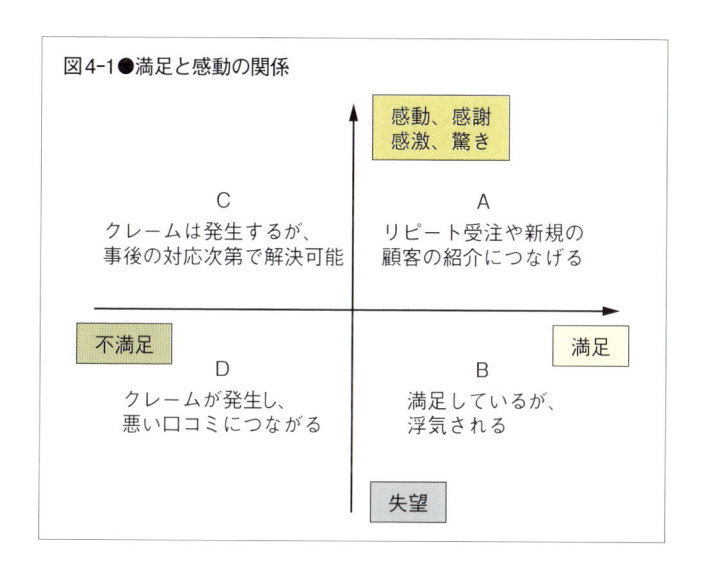

図4-1●満足と感動の関係

```
                    ↑
              感動、感謝
              感激、驚き

         C              A
  クレームは発生するが、   リピート受注や新規の
  事後の対応次第で解決可能  顧客の紹介につなげる
                                    →
  不満足                        満足
         D              B
  クレームが発生し、     満足しているが、
  悪い口コミにつながる    浮気される

                  失望
```

感動には感激や感謝、驚き（サプライズ）も含む。

　Aの部分は満足で、しかも感動している。この関係になれば、その顧客との関係は長く続くだろう。Bは満足だが、失望という関係だ。この関係ではクレームにはならないが、リピート受注や新しい仕事を紹介してもらうことはない。Cは不満足だが感動している。意外な関係だが、こんなことがあるのだろうか。建設業の話ではないが、Cの事例を紹介しよう（次ページの囲み参照）。

壊れたおもちゃを販売したので、顧客は不満足だ。通常はそれを挽回(ばんかい)しようとして、値引きをしたりサービス品を付けたりするだろう。しかし、それでは図4-1の左の不満足から右の満足には近付くかもしれないが、感動に至らず、浮気される恐れがある。

　しかし、この店員は図4-1の右でなく、上に行った。その結果、感動の結末となった。まさに不満足であっても顧客を感動させることができるのだ。

クレームを感動へ

　ある若い夫婦が、小学生の娘のためにクリスマスプレゼントを玩具店で買った。それとなく娘に聞いた欲しがっているものだ。そして12月24日の夜、娘が寝静まってから枕元にそのおもちゃを置いた。
　翌朝、娘の甲高い声で目を覚ました。
　「お父さん、お母さん、サンタさんが来たよ。私が欲しかったおもちゃだわ。なんでサンタさんは私が欲しいものがわかったんだろう？　でもとってもうれしい！」。
　夫婦はその娘の喜ぶ顔を見て、にっこり笑った。しかし、事態は急変する。
　「動かない…。動かないよお…。えーん」。
　娘は泣き出した。おもちゃの具合が悪くて動かないのだ。
　夫婦の怒りは玩具店に向けられた。
　「1年に1回のクリスマスなのに、よりによってなぜ、壊れたおもちゃを売るんだ」。
　夫婦は早速、玩具店に行き、交換を求めた。
　「本当に申し訳ございません。すぐに取り換えますが、あいにく人気商品なので在庫がありません。すぐに取り寄せてご自宅にお持ちします」と店員は泣きそうな様子で謝った。
　夫婦は怒りは収まらないが、やむをえないと自宅に帰った。
　自宅に帰り、しばらくしてのことだ。ピンポーンと呼び鈴が鳴った。娘は来客があるといつも飛んでいく。
　「はーい」。娘がドアを開けると、そこにはサンタクロースが立っていた。
　「あっ、サンタクロースだ。お父さん、お母さん、サンタクロースが来たよ！」。
　サンタクロースは言った。
　「お嬢ちゃん、今朝は壊れたおもちゃを持ってきてごめんね。今度はきちんと動くから遊んでね。お父さん、お母さんの言うことをよく聞くんだよ」。
　「はい！」と娘はうるんだ目で言った。

このような気持ちで仕事をし、顧客に感動を与えるような現場代理人を目指そう。

　その後、サンタクロースは消えるように帰って行った。
　感動したのは娘だけではない。お父さんとお母さんも感動で涙を流した。
「こんなに娘が喜んでくれて本当にうれしい。サンタクロースになってくれた玩具店の店員さんのおかげだ。これからは必ず、あの店でおもちゃを買おう」。

図4-2 ● 感動を生む大サービス

（イラスト：渋谷　秀樹）

2 「ニーズ」と「ウォンツ」を先取り

　建設業において顧客の満足や感動を呼ぶ主なポイントを、もう少し具体的に解説しよう。まずは、顧客の要望（ニーズ）と欲求（ウォンツ）を先取りすることだ。顧客が真に欲していることに対応した仕事をすることができる。問題は、いかにしてそれを知るかである。以下に例を示す。

(1) 技術的な要求に応える
　技術的好奇心の強い顧客は思いのほか多い。その好奇心に応えることで満足度は向上する。

(1)-1　共通仕様書を上回る要求をつかむ
　顧客の技術的要求（共通仕様書を上回る要求）をつかみ、それに応える施工をする。例えば、サッシの通りや仕上げ材の割り付け、建具枠の位置、天井材や畳の割り付け、出隅や入隅などである。実物の模型を作成してわかりやすくするのもよい。

(1)-2　顧客の稼働日に施工する
　土曜日や祭日に工事を行うと、顧客の目が行き届かない状況になるので、不満足を招くことが多い。特にコンクリートの打設や鉄骨の組み立てなどは、顧客の稼働日に施工するようにする。

(2) 施工の様子や検査結果を積極的に開示
　顧客は設計図書通りに施工されているかどうか、気になるものだ。これを積極的に開示するとよい。

(2)-1　使用する設備を明確化
　使用している設備の名称や容量をラミネート加工した看板などで表示することで、設計図書通りの設備で施工していることが顧客にわかりやすくなる。

(2)-2　設備の点検や清掃を綿密に

　設備を毎日点検し、記録を取ったり清掃したりすることで、設備を大切に使用していること、ひいては建物を大切に施工していることを表現する。ダンプトラックに過積載していないことを記録しておくことも大切だ。

写真4-1●設備の点検

（写真：東亜建設工業）

(2)-3　検査結果を"見える化"

　顧客が立ち会う検査は当然のこととして、立ち会わない検査であっても、検査結果をいつでも顧客が見ることのできるよう"見える化"を進める。例えばコンクリートの打設中に、携帯電話に付いている写真機能を利用して、打設状況の写真を顧客にメールで送信するのもよいだろう。

（3）労働災害を起こさない

　自分が住んだり使ったりする建物で労災事故が起きたとすれば、そんな建物を引き受けたくないというのが人の心だ。顧客のことを思えばこそ、決して労働災害を起こしてはいけない。

(3)-1　KY活動を徹底

緻密なリスクアセスメントや1日に2回のKY活動で労災予防を徹底する。

写真4-2●KY活動の様子

(写真：東亜建設工業)

(3)-2　安全の専門家を活用

安全パトロールは専門家を交えて行うほか、建設業労働災害防止協会の仕様に沿った安全教育を実践する。

写真4-3●安全パトロール

(写真：石田組)

（4）立ち会い検査での対応で評価が逆転

顧客の立ち会い検査は重要なイベントだ。それだけに、その対応いかんでは不満足を与えることもあるし、逆に感動させることもできる。

（4）-1　指摘事項を事前にまとめておく

顧客の立ち会い検査で、よく受ける指摘事項をまとめておき、同じような指摘を受けないようにする。

（4）-2　技術者全員で対応する

顧客が立ち会う検査時間を十分に確保する。そして、技術者全員で対応し、どんな質問でも答えられる体制をつくり、誠意と熱意ある対応を実施する。悪い個所や是正事項は自分から顧客に話して相談し、検査の終了後に雑談で見解を聞くのもよい。

（4）-3　指摘されなくても予防処置を講じておく

顧客の立ち会い検査の報告書には、検査で指摘された事象の対処とともに、再発防止処置も含める。さらに、いまは指摘されていなくても、不具合が将来起こる可能性があることを考え、予防処置についても積極的に言及し、報告書に含める。例えば構造物の傷を指摘された場合は傷を除去し、傷の原因である作業手順を見直す。予防処置として、傷がさらに深くなってクラックになることを防止するために施策を講じておく。

（5）書類や写真は見やすく

書類や写真は、後に残るために重視する顧客は多い。そのため、その出来栄えによっては感動させることのできるツールだ。

（5）-1　提出期限を厳守

100点満点の書類を期限から遅れて提出するよりも、少し不備はあっても80点の書類を期限通りに提出する方が顧客満足度は高い。

(5)-2　素人にもわかるように撮影

顧客側の担当者がよく知らない部分については、例えば全体像がわかる写真を加えるなど、特に詳細に撮影するとよい。

(5)-3　写真と記録との整合を図る

工事写真は品質管理記録と整合させて撮影し、対応がわかるようにファイリングする。

(6) 顧客の"方言"で表現する

言葉遣いに気を配ることはもちろん、顧客が好んで用いる用語を知ることも、満足度を高める。

(6)-1　使用する言葉に配慮する

顧客が用いる用語を使用し、スムーズなやり取りができるよう配慮する。例えば民間工事の場合は、その会社の"方言"（社内で好んで用いられている用語）を知り、その言葉を用いて表現するとよい。一方、公共事業の場合は「品質管理基準」や「自社の管理基準」、「積極的に」、「イメージアップ」、「日常管理」、「創意工夫」が好まれる。

(6)-2　誠意あふれる対応を

礼儀正しく接し、言葉遣いや身だしなみに留意する。

コミュニケーションの難しさを理解する

現場代理人にコミュニケーション能力は欠かせないが、それ以上に必要なのは、コミュニケーションの難しさを理解していることだ。この意識があれば、当方から丁寧にわかりやすくコミュニケーションを取ろうとするだろうし、相手に合わせて配慮することもあるだろう。技術提案や創意工夫で積極的な姿勢を見せることも、コミュニケーションの向上には有効だ。

(1) 顧客や協力会社と良好な関係を築く

顧客と良好な関係を築くためには、接点を増やすことが大切だ。加えて、

協力会社や作業員との関係にも気を配る必要がある。作業員に対する教育も、第三者や顧客を意識して取り組むとよい。

（1）-1　顧客と同じ視点で会話
顧客との会議の前に、現場を一緒に巡視して同じ視点で話ができるようにする。顧客目線で現場を見るほか、すぐに目で見てわかる工程表を作成する。

（1）-2　コミュニケーションの機会を増やす
書類はまとめて提出せずにこまめに提出することで、顧客とのコミュニケーションの機会を増やす。同一工区内に複数の建設会社が施工している場合は、世話役を進んで担うのもよい。

（1）-3　悪い情報を伝える
現場で不具合が生じたら、まずは顧客に伝える。工法などを説明する際には、メリットとともにデメリットも必ず伝える。

（1）-4　ワンデーレスポンスを実践
顧客から現場状況の問い合わせや書類提出などの依頼事項があったときには、1日（ワンデー）で何らかの応対（レスポンス）をするようにする。

（1）-5　作業員と一緒に顧客と話す
協力会社や作業員との関係が良くないと、不平不満が顧客に伝わってしまう。作業員と一緒に顧客と話すのもよい。さらに、作業員に対する人間性教育を実施し、顧客や第三者に対して良好な関係を築くことができるよう配慮する。

（2）創意工夫や技術提案を推進
顧客にとって、建設会社が創意工夫を凝らし、技術的な提案をしてくれることはうれしいものだ。提案が結果的に採用されなかったとしても、その積極性に顧客はほれ込む。

（2）－1　1000万円ごとに1件の技術提案
　受注金額1000万円ごとに、1件程度の提案を出す。1億円の工事なら10件の提案になる。

（2）－2　講習会を現場で開催
　新技術に取り組み、しかも顧客の関係者に向けた講習会を現場で開催すると、顧客の技術的好奇心が高まる。

（2）－3　情報化施工や新技術を活用
　ICT（情報通信技術）を活用した情報化施工を取り入れるだけでなく、NETIS（新技術情報提供システム）登録技術も活用する。CO_2排出量の管理や削減などの環境配慮型技術も積極的に提案する。

（2）－4　他の現場のノウハウを参考に
　先進的な他の同種工事の現場を見学し、参考にする。さらに、他の現場で高得点を得た事例を聞くなどして、専門工事会社のノウハウを生かす。

（2）－5　創意工夫をアピール
　創意工夫していることを、ホームページやパンフレットなどで顧客にアピールする。

施工後のことも考え地域や住民に対応
　公共事業では、地域や住民が発注者の顧客に当たる。だからこそ、その対応には細心の注意を払わなければならない。民間工事では、竣工後にその地域に顧客が住んだり、働いたりすることが多いので、地域や住民と建設会社との関係がそのまま顧客に引き継がれる。

　地域住民と建設会社が良い関係で工事が進むと顧客はその地に住みやすくなり、ぎくしゃくした関係で工事が進むと顧客は住みにくくなる。どのようにして地域や住民と良い関係を築けばよいのかを考えてみよう。

（1）"見える化"で住民に安心感

　住民の安心や信頼を得るためには、情報の開示が欠かせない。現場を見せるだけでなく、工事の内容も知らせよう。クレームはチャンスととらえ、住民が意見を言いやすい仕組みをつくることも大切だ。

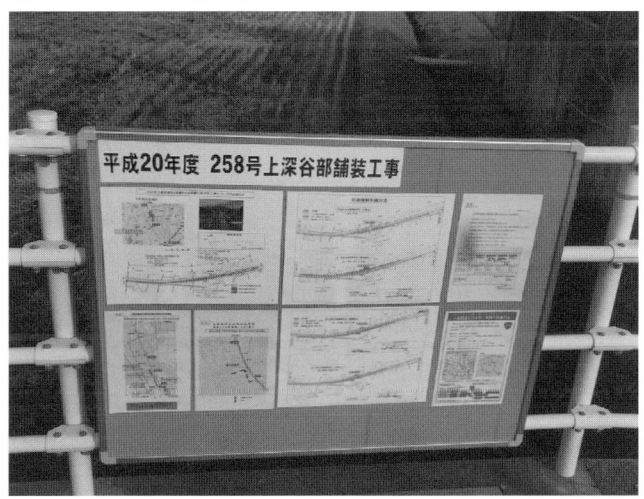

写真4-4●工事看板もわかりやすく

（写真：朝日土木）

（1）-1　「新聞」の発行も効果的

　現場周囲の仮囲いを透明にするなど現場内の"見える化"を実施することで、住民から現場内が見えるようになる。仮囲いに工程表や工事写真、当日の作業内容などを張り出すことで、どのような工事をしているかも住民にわかり、安心感がさらに増す。近隣の人たちへの「新聞」や「お知らせ用紙」を作成するのもよい。

（1）-2　きれいな現場で良い関係に

　現場内の5S（整理、整頓、清掃、清潔、しつけ）を徹底して、現場をきれいに保つことで住民との関係は良くなる。さらに周辺の清掃や公園のトイレ掃除、雑草の除去など、積極的に環境浄化に努めるとよい。

(1)－3　毎月1回は住民と会合
　毎月1回程度、住民との会合を実施して意見を聞く場をつくる。特に自治会長や町内会長、学区長など地元の有力者と良い関係を築くとよい。

(1)－4　住民に交わる
　主として日曜日に行われる地域や学区の清掃や資源回収に協力するのがよい。近隣の人たちの井戸端会議に参加したり、近隣の商店で買い物したり、近隣のレストランで食事したりすると、文字通り地元密着になる。

(1)－5　アンケートで意見を募る
　住民に対するアンケートを実施する。特に、親しくなると苦情が言いにくくなるのでアンケートで意見を聞くのが有効である。

(1)－6　クレームはチャンス
　クレームがあれば、それをチャンスととらえ、徹底して対応する必要がある。ガードマンや誘導員に地元の意見を聞いてもらい、小さなクレームのうちに対応するのがよい。

(2) 騒音や振動、粉じんの対策はきめ細かく
　作業員の声も「騒音」となることがある。騒音と並んで粉じんもクレームにつながりやすい。逆に現場や事務所の環境美化に取り組むことでコミュニケーションの場が生まれ、クレームが生じにくくなる場合がある。

(2)－1　資材も騒音の発生しないものに
　事前に家屋調査を行い、工事の開始後には動態観測を実施することで安心感を与える。低騒音や低振動の工法を採用するほか、騒音の発生しない資材を使用する。例えば金属製ではなく、木製の資材を使う。機械の音より作業員の声がうるさいといったクレームが多いので、職長が大声で指示を出さなくてもいいように作業手順をこまめに確認する。

写真4-5●工事用車両の騒音を低減する工夫

(写真:青山建設)

(2)-2 粉じん対策の基本は洗浄

　天候に関係なく工事用車両のタイヤを洗浄する。散水車による道路の清掃も必要である。

写真4-6●タイヤ洗浄を促す

(写真:洞口)

（2）-3　車両の識別で運転者に自覚

　工事用車両をステッカーなどで識別し、住民からそれとわかるようにすることで運転者に自覚が芽生え、運転マナーが良くなる。道路に速度抑制マウントを設置することは、スピードの抑制に効果的だ。当然ながら、工事用車両の内外を美しく保つことで印象が異なる。

（2）-4　環境美化で住民と触れ合う

　カウンターに緑化ポットを置き、さらに花壇や農園を作ることで住民と触れ合うことができ、コミュニケーションの場とすることができる。その結果、騒音や振動をクレームにしない効果も得られる。

写真4-7●現場での緑化の例

（写真：東亜建設工業）

（3）会社からのバックアップ体制を構築する

　顧客が発注しているのは現場代理人個人ではなく、法人である。そのため、会社からのバックアップ体制を期待しているものだ。現場代理人を側面から支えているという様子が見えると顧客は安心する。

(3)-1 配置技術者を2人以上に

配置技術者を2人以上にすることで、バックアップ体制をつくる。たとえ配置技術者が1人の場合でも、サブ担当を任命して顧客や協力会社にも紹介しておき、いざというときにバックアップできるような体制にしておく。

(3)-2 初期と竣工時に増員

工事の初期と竣工時にはさらに1人増員し、スタート時のスムーズな工程進行と竣工間際の検査、書類整理などを迅速に行う。

(3)-3 若手のスキルアップも図る

バックアップ体制を構築するためには、人材育成が欠かせない。特に若手社員に多くの経験を与え、実績を積ませる。さらに、現場見学などを行うことでスキルアップを図り、バックアップ体制を強化する。

(3)-4 全社体制をアピール

全社体制で実施していることをアピールする。例えば、店社安全パトロールや社内検査時に顧客を訪問するほか、その報告書を顧客に提出する。

(3)-5 書類の作成を迅速に

提出書類の書式を作成し、書類を迅速に作成できるようにする。さらに過去の提出書類の実績を整理してファイリングしておき、誰でも活用できるようにする。

(3)-6 SOSも必要

会議や社内勉強会などを通して、現場担当者がSOSを出しやすい雰囲気を社内につくる。

第5章

資格を取る

1 あなたに必要な資格とは
2 資格の取り方

1 あなたに必要な資格とは

　技術者であれば、必要な資格を取得しなければその土俵に立つことができない。しかし、やみくもに資格を取得してもそれを活用しなければ意味がない。自分が将来はどうなりたいかを描き、その姿になるために取得すべき資格を明確にすべきである。表5-1に現場代理人が取得を目指すべき資格名とその概要を示す。

表5-1●主な資格の一覧

資格の名称	主な業務
一級土木施工管理技士 二級土木施工管理技士	・道路や橋、トンネル、ダムなどの土木工事の施工管理
一級建築施工管理技士 二級建築施工管理技士	・鉄筋や大工、内装などの建築工事の施工管理
一級管工事施工管理技士 二級管工事施工管理技士	・冷暖房設備や下水道の配管、ダクト、浄化槽、ガス配管などの管工事の施工管理
一級電気工事施工管理技士 二級電気工事施工管理技士	・電気工事の施工管理
一級造園施工管理技士 二級造園施工管理技士	・公園や緑地化などの造園工事の施工管理
技術士	・高等な専門的応用能力を必要とする事項についての計画や調査、研究、設計、またはこれらに関する指導
一級建築士 二級建築士	・建築工事の設計 ・工事が図面通りに行われているかを確認する工事監理

現場代理人として必要な資格は世の中にたくさんあるが、本当に必要な資格とは何だろうか。取得して実務に生かすことができ、夢の実現に近付ける資格は何だろうか。筆者が経験したり、資格を有している人にインタビューしたりして得られた情報を基に紹介しよう。

一級の「施工管理技士」なら二つ取れ

請負金額の大小や元請け、下請けにかかわらず、工事現場には必ず主任技術者を置かなくてはいけない。主任技術者には、一級や二級の施工管理技士

必要とする企業やニーズの度合い	最近の合格率	必要な勉強時間の目安
・建設会社 ・大規模工事では、一級は監理技術者として必須の資格なので特に優遇される	2009年度は、一級の学科が50.9％で実地が19.1％。二級は学科が59％で実地が21.5％	・一級の学科試験の場合は3カ月で合計100時間 ・一級の実地試験の場合は2カ月で合計80時間
・建設会社 ・大規模工事では、一級は監理技術者として必須の資格なので特に優遇される	2009年度は、一級の学科が34.9％で実地が41.1％。二級は学科が34.9％で実地が31.1％	
・建設会社や建築設備工事会社 ・大規模工事では、一級は監理技術者として必須の資格なので特に優遇される	2009年度は、一級の学科が30.2％で実地が62.8％。二級は学科が58.8％で実地が43.1％	
・建設会社や電気工事会社 ・大規模工事では、一級は監理技術者として必須の資格なので特に優遇される	2009年度は、一級の学科が28.7％で実地が73.1％。二級は学科が59.2％で実地が49.1％	
・建設会社や造園工事会社 ・大規模工事では、一級は監理技術者として必須の資格なので特に優遇される	2009年度は、一級の学科が32.7％で実地が25.3％。二級は学科が49.4％で実地が31.3％	
・建設コンサルタント会社や建設会社 ・専門知識と応用能力を持った技術者として企業のニーズは非常に高く、有資格者は高収入を得られる。転職でも優位	2009年度第二次試験の建設部門の最終合格率は13％	二次試験の場合は12カ月で合計700時間
・建築設計事務所 ・建築設計事務所の設立要件なので優遇される。独立も可能	2009年度の一級建築士の合格率は、学科が19.6％で製図が41.2％。総合合格率は11％	一級建築士の場合は12カ月で合計700時間

表5-1 ●主な資格の一覧（前ページの続き）

資格の名称	主な業務
コンクリート主任技士 コンクリート技士	・コンクリート技士はコンクリート製造の各工程や検査 ・コンクリート主任技士は製造や研究にかかわる計画や管理
コンクリート診断士	・コンクリート診断業務 ・コンクリート構造物のひび割れ診断、劣化における調査や測定、判定、予測および補修対策
測量士 測量士補	・測量士補は測量士の作成した計画に従って行う測量業務 ・測量士は測量作業の主任者として測量計画の作成
第一種電気工事士 第二種電気工事士	・第一種は最大500キロワット未満の電気工事作業まで行うことができ、中小規模のビルや工場の屋内配線、受電設備配線などを含む、ほとんどの電気工事に従事 ・第二種は一般用電気工作物の電気工事に従事
電気主任技術者	・電気設備の運転、点検や検査など、日常の業務の中で保安上の考慮が十分なされているかを監視し、十分でない場合は指導および指示を行う
労働安全コンサルタント	・事業所や工場において建物や設備などを診断し、現場の安全点検、問題点の改善アドバイスや指導などを行う
宅地建物取引主任者	・宅地や建物の売買や賃貸の契約を締結する際の、重要事項（権利関係や法的な制限、取引条件）の説明 ・重要事項説明書や契約書への記名やなつ印
不動産鑑定士	・定期的な鑑定評価として、国や都道府県が行う地価公示や地価調査、相続税や固定資産税の評価 ・個人や法人が不動産を売買、賃貸借などする場合に客観的な適正価格を鑑定
土地家屋調査士	・不動産（土地や建物）の所在や種類（用途）面積に関する調査や測量 ・図面を作製し、法務局に登記を申請
行政書士	・許認可申請の代理や書類作成、書類に関する相談 ・相続、帰化申請、相続、企業法務など
中小企業診断士	・中小企業を対象に財務や労務、生産、事務など、経営の合理化を推進するためのコンサルティング ・企業が行う各種研修や教育訓練の社外講師

必要とする企業やニーズの度合い	最近の合格率	必要な勉強時間の目安
・生コンクリート工場や建設関連の企業	コンクリート技士が30％程度、同主任技士は12％前後	・コンクリート主任技士は6カ月で合計400時間 ・コンクリート技士は2カ月で合計100時間
・診断や補修の専門会社、設計事務所、建設コンサルタント会社、電力会社、生コンクリート会社、セメント会社など	15～20％程度。2009年度は15.2％	6カ月で合計400時間
・測量事務所や建設会社 ・建設産業での評価は高い	最近の平均合格率は測量士が約8％、測量士補が20％程度	測量士は6カ月で合計400時間
・電気工事会社	第一種の場合、過去5年間の最終合格率は20～30％	第一種の場合は2カ月で合計70時間
・電気工事会社や建設会社	第一種は2008年度が4.3％、第二種は同7.1％。第三種は2009年度が9.6％	第三種の場合は12カ月で合計700時間
・機械や電気、化学、土木、建築関係の企業など	土木区分の2008年度の合格率は24.2％	12カ月で合計700時間
・不動産会社や金融機関、小売業 ・従業員5人に1人の割合で専任の取引主任者を置かなければならないので優遇される	15～17％程度。2009年度は17.9％	12カ月で合計700時間
・不動産鑑定事務所や信託銀行などの金融機関、不動産会社、建設会社など ・大都市圏での仕事が多い	2009年度は短答式が26.5％、論文式が10.1％	合計1000時間以上
・測量会社や地図会社、建設会社、建設コンサルタント会社 ・土地家屋調査士事務所として独立可能	8％程度	合計1000時間以上
・多くの企業で優遇される ・行政書士事務所や独立する場合、他の資格も取得しておく	過去5年間は3～9％程度	合計1000時間以上
・経営コンサルタント会社や一般の企業 ・企業内でも活躍の場は広く、自己啓発にも役立つので人気は高い。独立も可能	最終合格率は3～4％程度	合計1000時間以上

の有資格者または実務経験者であることが求められる。

さらに、下請契約3000万円以上（建築一式4500万円以上）の元請け工事では、監理技術者を置かなければならない。監理技術者になるためには、一級の施工管理技士の資格が必要だ。

このような業務独占資格（当該業務を遂行するために、有していることを求められている資格）は、現場代理人には必須の資格である。しかし、1種類の「一級施工管理技士」ではいまや不十分だ。土木の会社が建築の分野に進出したり、建築設備の会社が電気工事を手がけ始めるなど、昨今の建設会社は業務の多角化を推進している。そのため、少なくても二つ以上の一級施工管理技士を取得していることが、企業の革新、または技術者として力強く生き抜いていくためには必要不可欠である。

土木施工管理技士をはじめ、一級の施工管理技士の資格取得は近年難しくなっており、合格率も低くなってきている。10年以上前に比べると、その難易度は格段に上がっていると言える。私は数年前から土木や建築などの「一級施工管理技士」受験対策講座を運営しているが、何度受験しても合格しない人には以下の三つの共通点が見られる。

（1）勉強時間が短い

一級の施工管理技士試験では広く浅い知識が求められるので、自分がそれまで経験していない分野の内容も多く含まれる。未経験の分野については時間をかけて参考書を読んだり、過去に出題された問題を解いたりすることで知識を広めなければならない。

（2）他の現場を見ていない

先に述べたように一級の試験は広く浅い内容なので、自分が経験した分野については強みだが、経験していない分野の場合は理解するのが難しい。そこで、自分が担当している工事以外の現場を見学することが効果的だ。自社が施工している現場は当然のこととして、他社が施工する現場であっても見せてもらおう。私の経験では、見学を断られることがまれにあるが、8割以

上の工事で見学が可能だ。しかも歓迎され、喜んで案内してもらえることも頻繁にあった。積極的に訪問し、見識を高めよう。

（3）読書をしない

　学科試験は選択式の解答方式だが、実地試験は記述式である。この記述式の文章が書けない人が多い。それは根本的に文章力がないことに起因している。文章力を身に付けるためには、読書が最適の対策だ。普段から本を読む習慣を身に付けてほしい。少なくても毎月1冊は読んでほしい。

技術士と労働安全コンサルタントをセットで

　公共土木工事の設計に際しては「技術士」が行うよう求められており、業務独占資格である。このため、建設コンサルタント会社では非常に優遇されている。有資格者の需給バランスも需要過多である。

　建設工事の施工では、技術士は業務独占資格ではないが、空港や大規模なビルの工事など、顧客によっては専任の技術士を配置することを求める場合がある。建設会社でも重要な資格と言える。

　さらに建設産業では、技術士はネームバリューがあり、技術者としての信用並びに企業の格付けを確保するためのツールにもなりうる。技術士事務所として独立することも可能で、企業の技術顧問や保険会社の技術リポートの作成、紛争案件の技術的所見の作成などの業務を遂行することができる。ただし、技術力よりもむしろ経営能力の有無によって、その繁栄程度が異なることに留意しなければならない。

　私は建設会社に勤務していた当時から、脱サラして独立開業を志していた。しかし、組織人であった私には、どのようにして独立するのか、独立して何をすればよいのかがわからなかった。そこで、すでに建設技術者として独立して活躍している人に相談したところ、「技術士を取れ」というアドバイスをもらった。

　受験資格を得ることのできる7年の実務経験を待って30歳で初めて受験

したが、見事玉砕。独学では難しいことを知り、受験講座に申し込んだ。その当時に配属されていた現場は「幸い」にもへき地のトンネル現場だった。へき地であるがゆえに、誘惑がないので1年間、禁酒して仕事以外のすべての時間を勉強に費やすことができた。その結果、2度目のチャレンジで合格することができたのである。

　技術士になったら独立できると思っていた私は、いろいろなところから情報収集したが、バブル崩壊後の建設産業では何をしてもうまくいくとは思えなかった。そこで、再びある人に相談したところ、「会社に勤務しながら独立して何をするかなど思いつくはずがない。本当にやる気なら、まずは会社を辞めて退路を断て」と言われた。

　妙にその言葉に納得し、技術士の資格を取得した翌年、会社に辞表を提出して開業への第一歩を踏み出したのだ。起業して十数年経過した今、「技術士であれば独立できるか」と問われれば「イエス」であり「ノー」でもある。技術士の資格がありさえすれば家族を養えるかと聞かれれば「イエス」だし、技術士の資格がありさえすれば技術者として本当にやりたいことができるかと聞かれれば「ノー」である。

　技術士を有しておれば、技術者として生き生きと仕事をするためのスタートラインに立つことができるのは事実である。後は資格があろうとなかろうと努力次第だ。

　労働安全衛生法では、労災事故の発生時などには「労働安全コンサルタント」の意見を求めることになっている。建設工事では安全管理は重要な管理項目なので、現場代理人が取得することを強く勧めたい。

　独立することも可能だが、この資格だけで起業することは難しい。技術士や「中小企業診断士」などとダブル、またはトリプルで取得するのがよいだろう。

私は、技術士とともに「労働安全コンサルタント」の資格を取得している。この資格の組み合わせは非常に有効だ。工事現場で困りごとを解決するうえで、この二つの資格が顧客から評価される。加えて「一級建築士」があれば鬼に金棒だ。ぜひチャレンジしてみてほしい。

内製化に有用な「測量士」と「電気工事士」

　建築案件の設計においては「建築士」が行うことが求められており、業務独占資格である。建築設計事務所や建築工事の設計・施工を行う建設会社では非常に優遇される。

　建築設計事務所として独立することもできるが、技術士と同様、技術力よりもむしろ経営能力の有無やセンスによってその繁栄程度が決まる。特に「建築士」は取得者数が多いので、安易な独立は考えものだ。

　私の知人に多くの一級建築士がいるが、そのほとんどは夢の大きさに対して満足のいく仕事をしていないという現実がある。一級建築士の資格取得はかなり難しくてネームバリューがあるので、ひと言でいうと「かっこいい」資格だ。しかし、あこがれの資格であるがゆえに、多くのライバルがおり、腕一本で仕事をするためには、相当の実力と努力が必要だ。

　「コンクリート主任技士」や「コンクリート技士」は、コンクリートの製造や施工、検査、管理を行う仕事で主としてコンクリート製造会社で活躍している。

　「コンクリート診断士」は、法で定められた資格ではなく、有資格者でなければ維持管理の業務を行うことができないわけではない。しかし、構造物を診断するという行為は、中立的な立場で行うことが必要であることから、構造物の管理者がコンクリート診断士の活用を求めるケースが増えてきている。

　建設工事ではコンクリート工事が欠かせない。そのため、これらの資格は

国家資格ではなく民間資格であるとはいえ、保有していることは現場代理人のスキルアップとして有効である。

　公共測量において、「測量士」は業務独占資格である。建設会社が施工時に行う測量では必ずしも、有資格者が測量することを求められていないが、顧客の信頼を得るためには現場代理人として取得しておくべき資格である。

　「電気工事士」は一種と二種とに分かれており、有資格者は電気工事の施工をすることができる。電気工事をこれまで外注していた会社が、原価低減を目的として簡易な電気工事は内製化しようとしている。そのためには電気工事士の資格が必須で、現場代理人には今後、取得することを強く勧めたい資格である。

　「電気主任技術者」は第一種と第二種、第三種に分かれ、「電験三種」などと呼ばれる。電気工作物の設置者に必要な資格のため、建設会社では必ずしも必要ではないが、取得していると工事の信頼感が増すため優遇されている。

　昨今は多能工が求められている。コスト管理が厳しいので、ある程度のことは外注せずに内製化しようとする傾向にある。そのため、簡単な工事であれば自分でできるようになることが必要だ。その点、測量士や電気工事士は有用である。

宅地建物取引主任者や「士業」の資格も

　宅地や建物の取引をする仕事では、事務所に専任で「宅地建物取引主任者」の設置を求められており、不動産会社では非常に優遇されている。建設会社では直接関連しないが、近年は賃貸住宅の建設や管理を行おうとする建設会社が増えており、そのためには必要な資格である。

　ほかにも、「不動産鑑定士」や「土地家屋調査士」、「行政書士」、「中小企業診断士」はいわゆる「士業」と呼ばれる資格で、建設会社の仕事には直接

関係しないが、例えば不動産鑑定士や土地家屋調査士は、これまで外部委託していた土地に関連する業務を内製化しようとする場合に必要となる。

　行政書士は建設会社の許認可申請に必要で、総務部門では重要な資格だ。中小企業診断士は、最近厳しくなってきた建設会社の経営を内側から支えようと考える人には効果的な資格だろう。

　この第5章の1で取り上げたいずれの資格も、企業の経営戦略と綿密にかかわるものである。そのため、経営計画などとの関連を考えながら取得に取り組むのがよい。

2 資格の取り方

　ここでは現場代理人に欠かせない六つの資格を取り上げ、各資格の概要や取得に向けた勉強方法などについて解説しよう。

一級土木施工管理技士

　監理技術者として工事を取り仕切るためには、この資格の取得は欠かせない。逆に言うと、いくら多くの現場経験や知識があったとしても、この資格を有していないと土木施工管理技術者として半人前に見られてしまう。土木技術者への登竜門としてできるだけ早期に取得し、その知識を現場で生かすことをお勧めする。

表5-2●一級土木施工管理技士試験の概要

試験科目	出題内容	試験方法	試験時間	試験日	合格発表
学科試験	選択問題（土木一般、専門土木、法規）	61問中、30問に解答	2時間30分	7月上旬	8月
	必須問題（共通工学、施工管理）	35問の出題に全問解答	2時間		
実地試験	施工管理法	記述式による筆記試験	2時間45分	10月上旬	1月

（1）学科試験の勉強法

　学科試験の場合は2月上旬から6月にかけて、主に以下の三つの方法で学習するとよい。

・過去問題の出題傾向を調べる
・過去10年分の問題を解く
・自分の苦手部門について、現場訪問や文献の読破によって詳細に学ぶ

（2）実地試験の勉強法

　学科試験に続いて、実地試験は6月から10月にかけて学習する。実施試験はすべて記述式で行われる。必須問題は、それまでの施工経験を踏まえて

表5-3●学科試験の対象科目

項目		科目
選択	土木一般	土工、コンクリート工、基礎工
	専門土木	鋼構造、コンクリート構造、河川、砂防、ダム、道路、港湾、海岸、トンネル、上下水道、鉄道、地下構造物
	法規	労働基準法、労働安全衛生法、建設業法、河川関係法、道路関係法、建築基準法、火薬類取締法、港則法、騒音規制法、振動規制法、公害防止関係法令
必須	共通工学	測量、契約、設計、機械、電気
	施工管理	施工計画、工程管理、安全管理、品質管理、建設機械、環境保全、建設副産物

品質や工程、安全、環境管理について書くことを求められる。それぞれの項目について文章を作成し、添削してもらうことで正しい文章に仕上げるのがよい。

　選択問題は、5問から3問を選択して解答する。土工やコンクリート、切り盛り土工、安全、環境などから出題される。学科試験と同様、過去に出題された10年分の問題に解答し、サブノートなどによってまとめながら学ぶとよい。

（3）合格のポイント
　自分が経験していない工種の内容をいかに理解するかが合格の鍵となる。実際に経験していなくても、例えば以下のような取り組みを通して見たり聞いたりしていると、イメージがわいて学ぶ意欲が出てくる。

・できるだけ多くの現場を見学する
・社内の施工検討会に積極的に参加する
・外部の施工事例勉強会に参加する
・施工法などに関する雑誌を購読する

一級建築施工管理技士

　公共工事に限らず民間工事でも、公共性のある施設や多数の者が利用する施設では監理技術者の設置が必要になった。一級建築施工管理技士の資格を

取得すると監理技術者になることができるほか、ワンランク上の現場に着任することができる。自身の技術力の向上にもつながるだろう。

表5-4●一級建築施工管理技士試験の概要

試験科目	出題内容	試験方法	試験時間	試験日	合格発表
学科試験	建築学（環境工学、各種構造、構造力学、施工共通、躯体工事、建築材料、仕上げ工事）、施工管理法、法規	82問中、60問に解答	午前に2時間20分、午後に2時間10分	6月中旬	7月
実地試験	施工管理法（実務経験に基づく建築全般の応用能力が求められる）	記述式による筆記試験、全問に解答	3時間	10月中旬	2月

(1) 学科試験の勉強法

学科試験の科目は5項目に大別できるが、詳細に分けると16科目に上る。科目によって出題数などに違いがあり、科目ごとに勉強しなければならない。82問中60問に解答し、そのうちの40問以上が正解であれば、合格することができる。2月上旬から6月にかけて、以下の（1）-1〜（1）-3の方法で学習するとよい。

表5-5●学科試験の項目と科目

項目	科目
建築学など	環境工学、一般構造、構造力学、建築材料
共通	設備、契約など
建築施工	建築施工
施工管理法	施工計画、工程管理、品質管理、安全管理
法規	建築基準法、建設業法、労働基準法、労働安全衛生法、その他

（1）-1　過去10年間の出題傾向を調べる

上記の表5-5を参考に、過去10年間で出題数の多い科目や最近の傾向を調べる。

（1）-2　過去10年分の問題を解く

まずは過去5年分の問題を3回、解く。誤った場合には、もう一度同じ問題を解いてみる。それでも間違った場合には、その問題と正答の問題文

を丸々、ノートに書き写して頭にたたき込んで暗記する。そうすると、得意分野と苦手分野がわかる。得意分野の正答率を高めるために、続いて過去5～10年分の問題を同様に3回、解く。これで、過去10年分×82問×3回＝2460問に解答したことになる。

（1）-3　本番の試験をイメージして問題を解く

　実際の試験では、一つの会場に大勢の技術者が集結する。それだけでも緊張が高まり、正確に判断できない場合がある。そこで、実際の試験と同時刻に模擬試験を実施し、実際の試験をイメージしながら解答してみるとよい。近くの図書館などを利用し、外部からの刺激が多少あるところで行ってみることも良いトレーニングになるだろう。

（2）実地試験の勉強法

　実地試験では、以下の**表5-6**のような問題が記述式で出題される。すべてが必須問題である。例えば体験論文の場合は、経験した工事の品質や工程、安全、環境の分野ごとに解答を用意しておく必要がある。過去問題を基に作成した解答を上司や先輩に一度読んでもらい、添削してもらうことが合格への近道だ。そのほかの問題については、学科試験と同様に過去10年分の問題を解く。同時に、それまで出題されたキーワードをピックアップし、理解することが重要である。

表5-6●実地試験で問われる内容

問題	内容
体験論文	経験した工事の内容を記述したうえで、出題テーマに対して問題点を挙げ、実施した具体的な対策や措置を記述する問題。配点は実地試験全体の約8割を占めるとみられており、この問題を解けるか否かが合否にかかわる
仮設	仮設物などの崩壊や倒壊の防止対策のほか、施工の合理化や建設副産物の処理などを記述する問題
躯体	躯体工事に関して、施工管理上の基本的な技術や知識が問われる
仕上げ	仕上げ工事に関して、施工管理上の基本的な技術や知識が問われる
工程、品質	工程管理や品質管理についての問題。工程表を基に、工程の誤りや着手日など正しい施工日程が問われる
法規	建設業法や労働安全衛生法のほか、施工にかかわる関連法規の理解度が問われる

(3) 合格のポイント

　自分がかかわったことが少ない高度な技術の問題もあり、問題に書かれている内容をイメージできないケースがあるかもしれない。そのような場合に備えるために、近隣の現場を視察に行ったり、図書館などで文献を読んだりと、とにかく問題の内容をイメージできるようにするとよい。

技術士第二次試験（建設部門）

　技術士の試験には一次と二次があるが、ここでは建設部門の二次試験を取り上げる。2009年度の建設部門の最終合格率は13％だった。合格後はぜひ（社）日本技術士会に入会して、活動の範囲を広げてほしい。他の資格に比べ、技術士が扱う領域は多岐にわたるので、学ぶ幅も広い。さらに、社内で技術士の受験希望者の添削指導を進んで行い、後進の技術者育成に注力したい。技術の伝道こそが技術士の職務である。

　将来独立したいという人には、次の言葉を贈りたい。「技術士資格は足の裏の米粒のようなものだ。あると気になるし、ないと物足りないが、あっても役に立たない」。技術士になったからと独立しても、成功する保証はない。技術士の資格は、あくまでプロフェッショナルエンジニアの入り口であり、その後の鍛錬で成功するか否かが決まる。このことは、受験する選択科

表5-7●技術士試験の概要

試験科目		出題内容	試験方法	試験時間	試験日	合格発表
筆記試験	選択科目	「選択科目」*1に関する専門知識と応用能力	記述式（600字詰め原稿用紙6枚）	3時間30分	8月	10月
	必須科目	「技術部門」全般にわたる論理的考察力と課題解決能力	記述式（600字詰め原稿用紙3枚）	2時間30分		
口頭試験		筆記試験の答案や技術的体験論文*2、受験申込書に添付した業務経歴書を使用して実施される		45分	12月	3月

*1　選択科目：「土質及び基礎」、「鋼構造及びコンクリート」、「都市及び地方計画」、「河川、砂防及び海岸・海洋」、「港湾及び空港」、「電力土木」、「道路」、「鉄道」、「トンネル」、「施工計画、施工設備及び積算」、「建設環境」
*2　技術的体験論文：筆記試験の合格者は、図表などを含めて3000字以内でA4用紙2枚の技術的体験論文を作成し、口頭試験の前に提出する

目を決める際にも意識してほしい。

（1）選択科目の決め方

多くの受験者は、少なくても1年以上の学習を経て合格している。可能な限り早期に学習を開始するのがよい。第二次試験を受験するにあたって、まずは受験科目を決めなければならない。そのためには、次の2点を考慮する必要がある。

①受験科目に関する十分な知識と経験があるか。
②今後の人生において受験科目の技術士資格をどのように活用するか。

①は短期間で合格するためには当然だ。重要なのは②である。技術士資格にチャレンジする目的は、合格することではない。合格した後、その資格を活用してどのように生きるかだ。

例えば、建設会社で主にダムや河川改修の工事の施工管理を10年経験してきた人がいるとしよう。今後、施工管理のプロとして活躍したいというのであれば「施工計画、施工設備及び積算」を選択するのがよい。将来は河川の専門家として企画や設計などにも携わりたいということであれば「河川、砂防及び海岸・海洋」を選択するのがよい。

仮に設計事務所への転職も考えるのであれば、「施工計画、施工設備及び積算」よりも「河川、砂防及び海岸・海洋」が有利である。施工計画の設計よりも、河川や道路の設計が断然、多いからだ。さらに、これからは環境に対する関心が高まることを見越して、環境に関連する仕事をしたいということであれば「建設環境」を選ぶのがよいだろう。このように、自身の知識と経験を踏まえ、中長期的な人生設計を考えながら選択科目を決めなければならない。

（2）受験申込書の注意点

科目が決まれば受験申込書を作成する。その際は、技術的体験論文や口頭試験にどう対応するかについても留意する必要がある。技術的体験論文の設

問は、「受験した技術部門の技術士としてふさわしい業務について記載せよ」というものだ。つまり、受験申込書には、技術的体験論文として記述する予定の「技術士としてふさわしい業務」の経歴が含まれていないといけない。

口頭試験では、これまでの経歴が確認される。失敗例や成功例などもよく聞かれる。そのため受験申込書には、それらの業務を漏らさずに記載しておく必要がある。

表5-8●口頭試験の試問事項と配点

試問事項	配点
受験者の技術的体験を中心とする経歴の内容と応用能力	40点
必須科目および選択科目に関する技術士として必要な専門知識および見識	40点
技術士としての適格性および一般的知識	20点

(3) 選択科目（専門論文）の勉強法

必須の一般論文も含め、第二次試験はすべて筆記試験で行われる。文章力の優劣が合否に大きく影響する。正しく、わかりやすい文章を書くトレーニングが必要だ。そのためには「理科系の作文技術」（木下是雄著、中公新書）の読破をお勧めする。

専門論文には、選択科目に関する「専門知識」と「応用能力」が求められている。専門知識を勉強するのは当然のことだが、「応用能力」については選択科目に関する自身の経験をまとめたり、事例を調査したりして記述できるようにしておかなければならない。選択科目ごとの過去10年分の出題傾向を調べ、その内容について学習を進めるとよい。

(4) 必須科目（一般論文）の勉強法

一般論文には、技術部門（建設部門）全般にわたる「論理的考察力」と「課題解決能力」が求められている。したがって、論文はこの2点を考慮したうえで、以下のように構成する。

表5-9 ●一般論文の構成例

	内容	注意事項
1. はじめに	論文の全体像を示す	—
2. 出題に関する現状と課題	現状把握とそれに基づいた課題を記載する	数値化された「事実」を基に論理的に課題を考察する
3. 解決策	前項で抽出した課題に対する解決策を立案する	可能な限りダイナミックな「意見」を提示する
4. まとめ	まとめと決意	自分の今後の行動に関する決意を力強く記載する

　学習にあたっては「国土交通白書」や「土木学会誌」（土木学会)、「建設業界」（日本土木工業協会）などを読んで事実を確実に把握し、それを基に自らの意見を数多く記載しておくとよいだろう。

（5）技術的体験論文の勉強法

　技術的体験論文では、高等の専門的応用能力が求められている。以下に、論文の構成例を示す。

表5-10 ●技術的体験論文の構成例

	内容	注意事項
1. 立場と役割	体験した業務の概要を示す	—
2. 課題と問題点	体験した業務において直面した課題と問題点を記載する	数値化された「事実」を基に論理的に課題を考察する。このとき、高等の専門的応用能力がなければ解決できないような課題でなければならない。過去の事例やマニュアルなどを用いて解決できるようであれば、答案として不適切である
3. 技術的提案	前項で抽出した課題に対する解決策を立案する	課題や問題点を踏まえて、どのように考え、どのようなプロセスを経て解決に至ったかを記載する。重要なことは成果でなく、問題解決のプロセスを実施する能力を有しているかどうかである
4. 技術的成果	解決策を実践した結果を述べる	短期的な成果よりも、中長期的に生かされる成果を導き出したかどうかが評価される
5. 今後の展望	今後に残された課題を示す	当該業務を実施して以降、現在はどのような評価がなされているか、今後にどのような課題が残されているかを記載する

学習にあたっては、技術士としてふさわしいテーマをまずは選定することが重要だ。高等の専門的応用能力がなければ解決できなかった業務で、過去の事例やマニュアルなどを用いて解決できなかった業務を選ばなければならない。

（6）口頭試験の勉強法
　口頭試験では、合格前であっても技術士として対応することが重要だ。技術士とは、技術的課題に対して相談を受けることが役割である。試験官をクライアント（相談者）と考え、コンサルタントとして誠実に、かつ的確に回答しなければならない。そのためには、繰り返しロールプレイを試みてトレーニングすることが大切だ。

（7）合格のポイント
　関連書籍を読み、キーワードごとに200字程度でまとめるトレーニングをするのがよい。キーワードとしては、例えば専門論文や技術的体験論文では選択科目や体験論文に関する専門用語がそれぞれ考えられる。一般論文では、社会資本投資のあり方や少子高齢化、環境保全、生物多様性、国際化などだ。

　その際、表5-9や表5-10の章立てでまとめるようにする。作成したリポートは、必ず他者の添削を受け、論理的な誤りがないかどうかを確認しながら進めなければならない。建設業に従事していない人や家族に読んでもらい、感想を聞くのもよい。素人でもわかるような文章を書かないと合格できない。さらに、実際の試験は手書きなので、ワープロを極力用いずに手書きでトレーニングするのがよい。

コンクリート診断士
　少子高齢化に伴って、社会資本は造る時代から維持管理の時代に入った。アセットマネジメントやストックマネジメントの手法によって、既設構造物の長寿命化が図られている。劣化の現状を把握し、劣化の予測と対策を提言する――。まさに、コンクリート診断士が活躍できる時代の到来だ。

既設構造物を調査する際の資格要件に、コンクリート診断士を明記する機関が増えている。これは、コンクリート診断士が社会に認められ始めた証しである。コンクリートの劣化診断やアセットマネジメントの業務で活躍している診断士が多く見られる。

表5-11●コンクリート診断士試験の概要

試験の種類	試験方法	試験時間	試験日	合格発表
四肢択一式	50問に解答	3時間30分	7月下旬	8月末
記述式	問題A（必須）と問題B（選択）の合計2問。問題Aは1000字程度、問題Bは1000字以内			

表5-12●試験で問われる項目

試験項目	
変状	各種ひび割れ、エフロレッセンス、初期欠陥、スラブの変状、各種変状
劣化	塩害、中性化、鋼材腐食、アルカリシリカ反応、凍害、科学的腐食、疲労、火害、成分溶出、すり減り
調査方法	配（調）合・化学成分、組織構造、鉄筋・空洞探査、圧縮強度、弾性波法、アルカリシリカ反応、中性化深さ、反発度法、電気化学的測定、各種調査・測定、火害
評価、判定	中性化、疲労、各種ひび割れ、塩害、化学的腐食、アルカリシリカ反応、初期欠陥、各種変状・劣化、規格・基準類
補修、補強	電気化学的補修工法、外ケーブル工法、アルカリシリカ反応対策、各種補修工法、ひび割れ対策、断面修復工法、初期欠陥対策、電気防食工法、火害対策、各種補強工法、補修・補強材料、ライフサイクルコスト

（1）設問の概要

　四肢択一式の問題では、変状、劣化、調査手法、評価・判定、補修・補強の5分野から出題される。近年の出題傾向を**図5-1**に示す。

　記述式の問題Aでは、コンクリート診断士としての一般知識が問われる。診断士としての心構えや役割、倫理感、コンクリート診断上の問題点、留意点などを交えて記述する。

　記述式の問題Bでは、実際の変状を写真や図、調査結果で示し、変状原因

図5-1 ● 近年の出題傾向

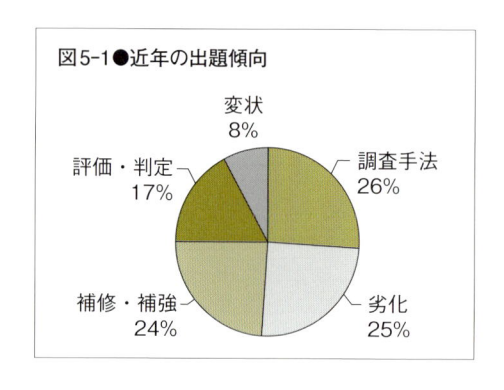

- 調査手法 26%
- 劣化 25%
- 補修・補強 24%
- 評価・判定 17%
- 変状 8%

の特定、長寿命化計画のための追加調査の提案、長寿命化のための維持管理計画の立案(補修・補強方法の提言)などを記述する。建築構造物と土木構造物の2問の中から1問を選んで解答する形だ。

(2) 学習スケジュール

(社)日本コンクリート工学協会が実施する講習会を受講してから学習する人が、一般に多い。しかし、3カ月程度の学習で合格できる試験ではない。遅くても、1月から学習を始めよう。

表5-13 ● 学習スケジュールの例

時期	受験までの流れ	学習スケジュール
12月	受験の準備	・テキストや参考書を購入し、学習計画を立案
1月初旬～下旬	日本コンクリート工学協会の講習会に申し込み	・日本コンクリート工学協会の講習会までに、5分野*の診断知識を理解
4月	同協会の講習会を受講	・四股択一式の過去問題に解答 ・答えられない分野を再度学習
4月下旬～5月下旬	受験の申し込み	・記述式の問題Aと問題Bの過去問題を10問以上選んで解答し、記述方法の要点を会得する ・記述式の添削指導を受けるとよい
7月下旬		コンクリート診断士試験

* 5分野:①変状、②劣化、③調査手法、④評価・判定、⑤補修・補強

(3) 四股択一式の勉強法

丸暗記では、合格点は取れない。劣化の特徴とメカニズム、対策の判断基準となる数値、計算問題などを正確に理解しよう。特に中性化、塩害、アル

カリ骨材反応、凍害、疲労、ひび割れの理解が不十分だと、記述式の問題Bに解答できない。

(4) 記述式問題の勉強法
記述式問題では、コンクリート診断の報告書が欠ける能力の有無を審査される。技術論文の書き方を磨かなければならない。

(4)-1 問題A
コンクリート診断士としての心得や役割、倫理観のほか、診断技術上の課題とその対策、コンクリート分野の最新の話題についてそれぞれ要点を編集しておこう。どのような設問でも、この中から編集すれば解答できる。

(4)-2 問題B
図表などで示された変状には必ず、変状の原因を特定できる能力を試す意図がある。この意図を見抜かないと、的を射た解答にはならない。

(5) 合格のポイント
四肢択一式では、変状の特徴とメカニズム、計算訓練、数値の正確な理解が重要である。受験者の未経験の分野を、いかにして解答するかがポイントである。

記述式では、論文作成の技術が欠かせない。正しく、読みやすい論文を書くために論文作法を身に付ける必要がある。例えば個条書きの使い方や問題解決技法、簡潔な文章を書く技術などだ。

一級建築士
昇進などのキャリアアップだけでなく、顧客の信頼を得るうえでも役立つ資格だ。資格の取得後は、第三者から建設物に関する相談が多くなり、一級建築士の受験勉強で磨いた知識を活用する機会が増えるだろう。難関資格だけに合格時のモチベーションは高く、取得後に独立したり、一級建築士の知

識を基に次の資格取得を目指すなどのエネルギーがわいているようだ。

表5-14●一級建築士試験の概要

試験科目		試験時間	試験日	合格発表
学科の試験	学科Ⅰ（計画）および 学科Ⅱ（環境・設備）	2時間	7月下旬	9月ごろ
	学科Ⅲ（法規）	1時間45分		
	学科Ⅳ（構造）および 学科Ⅴ（施工）	2時間45分		
設計製図の試験		6時間30分	10月上旬	12月ごろ

表5-15●試験科目の内容

科目		出題の内容	出題数
学科の試験	学科Ⅰ（計画）	計画概論や計画各論、建築積算、建築都市の歴史的著作物に関する問題や設計者の実務にかかわる内容が出題	20問
	学科Ⅱ（環境・設備）	環境工学、防災防火や窓開口部、空調設備、給排水衛生、電気設備、防火設備、輸送設備から出題	20問
	学科Ⅲ（法規）	建築物の安全性にかかわる法規制の基本的な理解力を問う問題が多い。建築士の役割や責任、倫理観なども出題	30問
	学科Ⅳ（構造）	部材の断面性能、RCやS、SRC構造、耐震設計などの建築物の安全性にかかわる構造設計の知識を問う	30問
	学科Ⅴ（施工）	各種工事の品質管理や施工管理、安全管理、工程管理について幅広く出題される。5科目の中で最も広くて深い知識が要求される	25問
設計製図の試験		課題は毎年7月下旬に発表され、全国統一課題で出題。計画力や製図力、課題文の読解力を要する。設計課題に加えて構造設計や設備設計の基本的能力を記述や図的表現にて記載する	

(1) 学習スケジュール

　1月から4月までは、過去10年程度の問題を中心に基本を勉強する。計画、環境・設備、法規、構造、施工の5科目を15日間でワンクール、実施する。特に法規と構造計算の問題は理解するまでに時間がかかる。早期に基本事項をノートにまとめることが重要だ。

　5月から7月までは、市販の問題集を最低4回、繰り返し解いてみる。1回目はとにかく完了することを意識して取り組む。2回目は解答がわからない問題に絞って勉強する。3回目と4回目はスピードを意識して、問題文を記

憶するぐらい繰り返し解く。過去問題をマスターすることが最も有効な学習である。

学科の試験が終了したら、ただちに設計製図の学習を始める。過去の出題傾向を調べることや、手書きに慣れることから始めよう。

(2) 学科の試験の勉強法
5科目について、それぞれの勉強方法を以下に述べる。

(2)-1 学科Ⅰ(計画)
　過去の問題と類似しているものが約40%出題される。過去問題を数多くこなすことが「計画」を攻略する第一歩である。さらに、建築積算では建築数量積算基準に基づいた問題が出題されているので、これらの最新情報も入手して準備する。

(2)-2 学科Ⅱ(環境・設備)
　問題集を何度も解くと、見ただけで解答がわかるようになってくるが、選択肢を一つひとつ吟味し、誤っている設問はどう変えると正しい表現になるのかも検討する。この結果、周辺知識の理解が深まり合格に近付く。

(2)-3 学科Ⅲ(法規)
　問題をチェックするごとに法令集を必ず読むことが欠かせない。最初は面倒に感じるが、一問ずつ法令を読み込み、この選択肢は何条の何項に該当しているので「○」、この選択肢は「×」というようにそれぞれ条文と照らし合わせながら進めるとよい。繰り返し解くうちに、法令のどこに該当個所が書いてあるかがわかるようになる。法規の問題の解答は、すべて法令集の中にある。その法令集を持ち込めるので総合得点は法規で稼ぐことができる。

(2)-4 学科Ⅳ(構造)
　構造力学の計算問題は毎年6、7問出題されている。計算が苦手な受験

者も多いと思うが、決して捨てないで取り組む。構造力学の計算問題は、基本的な公式や考え方などを覚えておけば解ける。計算機を持ち込めないことから煩雑な計算はまず出題されない。学習時間を増やし、ノートに計算式を書くことが覚えるコツである。

(2)-5　学科Ⅴ（施工）

各種の工事はもちろん、測量や契約についても問われる。工事では建築工事標準仕様書や建築工事共通仕様書を根拠にした問題が多く出題される。ポイントは、試験で用いられる仕様書の用語と日ごろ現場で使っている言葉が異なる点である。現場ではよく商品名や一般的な呼び名が使われているので、試験の用語へ切り替えることが大切である。契約関係では、民事連合協会の工事請負契約約款に基づいた問題が多く出題される。

(3) 設計製図の試験の勉強法

毎年違う課題が出題されるが、対象となる建築構造物の「建築面積約2000m^2」は変わらない。2時間30分で計画して、3時間30分で製図することが第一である。要求された図面を完成させない限り、合格できない。まずは製図の作成スピードを上げる訓練から始める。過去問題のトレースを3回、繰り返すことがポイントである。

(4) 合格のポイント

学科の試験には1月から取り組み始める必要がある。勉強時間としては、合計約850時間は最低必要だ。ひたすら過去問題を解くとよい。

設計製図の試験は、過去に出題された課題をトレースするとよい。合計で最低36枚書く必要がある。解答のテクニックや製図の書き方も重要だが、過去の問題から出題パターンを感覚的につかむまで書き込むことが製図の攻略法である。

労働安全コンサルタント（土木、建築）

　労働災害発生時には、労働安全コンサルタントの意見を求めることが労働安全衛生法に定められている。建設業は労働災害の多い業種であるために、企業のニーズは高く、転職に有利である。

表5-16●労働安全コンサルタント試験の概要

	試験科目	試験方法	試験時間	試験日	合格発表
筆記試験	産業安全一般	択一式	2時間	10月中旬	12月ごろ
	産業安全関係法令	択一式	1時間		
	土木安全、建築安全	記述式（土木か建築のいずれか1科目を選択）	2時間		
口述試験	産業安全一般と各専門科目	面接による口述式（A4サイズの紙に数項目の質問事項があり、面接前に記入する）	約20分	1月中旬～2月上旬	3月ごろ

＊　技術士（建設部門）と一級土木施工管理技士は土木安全を、一級建築施工管理技士は建築安全をそれぞれ免除される

表5-17●筆記試験の出題範囲

試験科目	範囲
産業安全一般	安全管理、材料安全、信頼性工学概論、運搬工学概論、人間工学概論、安全心理学、設計・レイアウト時の安全審査、安全点検、安全教育、作業分析、作業標準、強度計算、安全に関する各種検査法、安全装置・保護具、危険物の管理、防火、労働災害の調査と原因分析、労働衛生概論
産業安全関係法令	労働安全衛生法およびこれに基づく命令のうち、産業安全にかかわるもの
土木安全	土質力学、構造力学、工事用機械、足場、型枠支保工その他の工事用設備、明かり掘削その他の工法、発破、落盤および土砂崩壊の防止
建築安全	構造力学、建築構造、足場、型枠支保工その他の工事用設備、工事用機械、施工法、墜落災害の防止

（1）産業安全一般の勉強法

　この科目は範囲が非常に広く、安全衛生に関する広範囲の分野の一般的知識が必要になる。まずは以下の手順で進めるとよい。

　①「標準試験問題集」（日本労働安全衛生コンサルタント会編）を一通り読み解く。

②その中の苦手分野を参考書で勉強する。
③キーワード集を作る。
④「標準試験問題集」を少なくても3回は解く。

(2) 産業安全関係法令の勉強法

　この科目では労働安全衛生法・規則の要点を理解することが重要だ。したがって、法令独特の言い回しに慣れることに加え、細かい数字の暗記などが欠かせない。産業安全一般と同様、以下の順序で取り組もう。

①「標準試験問題集」を一通り読み解く。
②「チャート安衛法」（労働調査会出版局編）や「イラストで見る安衛則100」（厚生労働省労働基準局安全衛生部監修）、「わかりやすい労働安全衛生法」（井上浩著、経営書院）などの参考書を読む。
③今度は「標準試験問題集」を解きながら読む。「安全衛生法令要覧」（中央労働災害防止協会編）や「労働安全衛生法・実務便覧」（労働調査会出版局編）、「労働安全衛生規則・実務便覧」（同）などで、関連する記述と一つひとつ照らし合わせながらチェックしていく。さらに、関係する規則などにはマークをする。
④法令の関係をノートに書き出して整理する。
⑤少なくとも3回は「標準試験問題集」を解く。

表5-18●学習スケジュールの例

時期	合格発表までの流れ	学習スケジュール
2月	受験の準備開始	・参考書などを入手
3月		・産業安全一般の学習に着手
4月		・土木安全または建築安全の学習を開始
6月～7月	受験案内を取り寄せ	・産業安全関係法令の学習に着手
7月～8月	願書の提出	
9月～10月		・筆記試験科目の全体を復習
10月	筆記試験	・口述試験の学習を開始
12月	筆記試験の合格発表	
1月～2月	口述試験	・口述試験の全体を復習
3月ごろ	口述試験の合格発表	

（3）口述試験の勉強法

以下の内容について質問されるので、想定問答集を作成して準備することが必要である。

（3）-1　面接の前に記入する内容
- 受験の動機
- 資格取得後の主な活動内容や開業の有無、災害防止に対する抱負、最近の労働災害、社会的使命、災害防止活動の経験など

（3）-2　口頭試問で問われる内容
- 受験者の確認、受験の動機、コンサルタントとしての将来計画など
- 労働災害の傾向など
- 安全診断や安全指導など
- 現場の災害防止活動の例
- 改善例
- 安全教育や意識の高揚
- 事例に対する設問など

（4）合格のポイント

暗記すべきことが多いので、過去問題を参考図書を見ながら解き、サブノートを作成するという学習方法がベストである。経験が少ない分野については、労働災害防止協会などに実物や写真が展示されているので見学するのもいいだろう。

第6章

人を育てる

1. 「育成」と「指導」を誤解しない
2. OJTの効果を上げる方法
3. 消極的な社員を戦力に
4. 職場環境を改善しよう
5. 職人を鍛える

1 「育成」と「指導」を誤解しない

　人材を育てるには、二つの要点がある。一つは「育成」だ。育成とは、やる気にさせることである。もう一つは「指導」。指導とは知識や手法を身に付けさせることである。

　「育成なくして指導なし」という言葉がある。まずはやる気にさせてから、次に知識や手法を身に付けると、伝えたことがその人の力になる。逆にやる気のない人にいくら知識や手法を与えても、「馬の耳に念仏」になる。第6章の1では、現場代理人の候補者や現場で働く作業員たちをどのようにして育てればよいかについて考えてみよう。

表6-1●育成と指導

名称	意味	手法
育成	やる気にさせる	脳にプラスの刺激を与える
		マズローの欲求5段階を満たす
指導	知識や手法を身に付けさせる	知識（ノウハウ）と見識（ノウホワイ）を向上させる
		成長の4原則（自ら考える、自ら発言する、自ら行動する、自ら反省する）を実践させる

　まずは、やる気を高めるにはどうすればよいのだろうか。以下では、プラスの刺激を与える手法と、マズローの欲求5段階説に対応した手法を紹介しよう。

部下を見れば上司がわかる

　人のやる気には、脳の働きが大きく影響する。一般論として、ハードウエアとしての脳は大きな力を持っている。しかし、ハードウエアとしての脳の力は、やる気のある人や成功している人と、やる気のない人や成功していない人との間に、大きな差はないのである。

　ではどうして、やる気に差があるのだろうか。それは、脳の状態（ソフト

ウエア）の違いである。つまり、何を脳にインプットしているかによる。脳に良いインプットがあり、良い状態を保っている人とそうでない人とでは、脳の働きは数倍も違う。脳に刺激を与えるインプットとは次の六つである。

- ・言葉
- ・動作
- ・表情
- ・イメージ、瞑想(めいそう)
- ・感謝の気持ち
- ・夢、目標

特に日常的にあふれている「言葉」や「動作」、「表情」が脳に与える影響は大きい。以下に示すようなプラスの「言葉」や「動作」、「表情」が脳にインプットされると、脳に良い刺激が与えられ、自分の人生がプラスに変わり、相手の人生がプラスに変わり、チームの状態がプラスに変わる。

脳に与えるプラスの刺激
　　プラスの言葉＝やれる、できる、ワクワクする
　　プラスの動作＝握手、拍手、ガッツポーズ
　　プラスの表情＝笑顔、元気

逆に、以下に示すようなマイナスの「言葉」や「動作」、「表情」が脳にインプットされると、脳にマイナスの刺激が与えられるようになる。

脳に与えるマイナスの刺激
　　マイナスの言葉＝無理、できない、疲れた
　　マイナスの動作＝無視、うなだれる
　　マイナスの表情＝暗い、いらいらする

脳に与えるプラスの刺激とマイナスの刺激をさらに詳しくまとめたのが、次ページの**表6-2**である。

第6章 人を育てる

　私の知り合いの学校の先生が、次のように話していた。「生徒の父兄が『うちの子はやる気がないので困っています』と相談に来ることがある。そういう父兄を見ると、その大半はマイナスの言葉を使い、マイナスの動作をしており、マイナスの表情をしている。つまり生徒のやる気がないのは、親の責任だ。父親が仕事から帰ると、『ああ疲れた』と言ってうなだれながら、暗い表情をしているようでは子供に良い影響を与えるはずがない」。
　「子供を見れば親がわかる」のである。

　これは職場でも同じことがいえる。「うちの職場の部下はやる気がない」と言う上司に限って、マイナスの言葉や動作、表情で部下に接している。「ああ忙しい」と言いながら、部下を無視し、いらいらした顔をしていると部下のやる気もそがれる。
　「部下を見れば上司がわかる」のである。

表6-2●プラスの刺激とマイナスの刺激

プラスの刺激		本人の感じ方
上司のかかわり方	職場のかかわり方	
小さな成果を認め、自分のことのように喜ぶ	職場の全員がプロセスに関心を寄せている	一歩一歩成果に向かっていることに安心できる
自分のことのように喜び、または悔しがる	職場の全員がその成果を知っており、1人で行った仕事もチームの成果のように喜び悲しむ	成功を喜び、失敗を次に生かすことができる
失敗を次に生かすことができるようにアドバイスする。上司が責任を負う	職場全体で失敗をフォローする	二度と同じ失敗を起こさないようにしようと思う
日常業務の目的や価値、重要性を伝えている	日常業務が職場に与える影響や価値を認識している	日常業務の価値を知っている
仕事の目的と価値を中期的な観点で伝えており、本人の希望をよく聞いている	目の前の仕事に対して、楽しそうに、かつ真剣に取り組んでいる	今の仕事から学ぶことがあり、まずは目の前の仕事を一生懸命やろうと思う
報連相をすると評価する	情報を共有しようという雰囲気があり、報連相に対して感謝し合う雰囲気がある	報告への返答が的確。情報が共有されている。相談に乗ってくれる
本人の相談があればプライベートなことも相談に乗る	プライベートなことも話しやすい雰囲気があり、かつ干渉されすぎない	見守ってくれる雰囲気がある

6-1 「育成」と「指導」を誤解しない

　さらには、工事現場でも同じことだ。現場代理人が笑顔で元気いっぱいにふるまうと作業員は元気になり、効率や能率が上がる。必ずしも口数が多くなくてもよい。動作や表情でプラスの雰囲気を出せるはずである。
　「作業員を見れば現場代理人がわかる」のである。

　現場にプラスの刺激や活力を与えるために、朝礼の果たす役割は大きい。次ページ下の事例と同様、建設業における朝礼もその現場で作業する人たちが笑顔で元気いっぱいに働くことで、効率や生産性が上がり、無事故・無災害となる。しかし、実際には多くの工事現場で眠そうな顔で朝礼に参加している作業員が多いのが事実である。

　改めて朝礼の目的を整理しよう。
（1）会社の理念や方針、目的、目標の徹底
　・創業の理念を確認

		マイナスの刺激	
		上司のかかわり方	職場のかかわり方
プロセス（途中経過）	成果が気になって安心できない	小さな成果に気づかず、それぐらいできて当たり前と思う	プロセスの努力に気づかず、無関心
仕事の結果	成功してもまだまだと感じ、失敗すると落ち込む	成功しても褒めず、失敗するとしかる	成功するとライバル視し、失敗するとけ落とそうとする
仕事の失敗	自信をなくしてしまう	上司が部下の失敗の責任を負わず、部下に押し付ける	周りの人が白い目で見る
日常業務	何のためにやっているのかわからない	仕事の内容だけを伝え、目的や価値、重要性を伝えない	日常業務の価値を認めず、やって当たり前という雰囲気
仕事への取り組み姿勢	この仕事をするためにこの会社にいるのではなく、他の仕事をしたいと思う	部下の話を聞かず、「つべこべ言わずに仕事をやれ」と言う	仕事に対する愚痴や不平、不満が多い
コミュニケーション	報告しても返答がない。情報が共有されていない。相談しにくい	上司が部下の話を聞かないし、必要なことしか部下に伝えない	情報を独り占めしようという雰囲気。必要な情報を必要な人に伝えない
プライベートな問題	プライベートなことを職場に持ち込めない	プライベートなことに一切触れないし、相談に乗らない	プライベートには無視、無関心。または干渉しすぎる

・理念や方針の唱和
・目標達成度の確認

(2) 活力や士気の向上
・笑顔
・握手、拍手
・ラジオ体操
・仲間に感謝すべきことの発表

(3) 基本マナーの徹底
・時間厳守
・元気なあいさつ
・人前で話す訓練（一言スピーチ）

(4) 報連相の場
・昨日の実績と本日の作業内容
・クレーム情報や事故情報の共有化
・行事の伝達

> ### 朝礼で「笑顔の品質管理」を実践
>
> 　私の知り合いの居酒屋では、午後４時から元気いっぱいの朝礼を実施している。15分間ほどだが、司会者が発言を求めると全員が威勢よく「はい！」と手を上げる。発言が許されると、身振りや手振りを使いながら大きな声で発言する。発言が終わると、それを聞いていた人たちは拍手で応えるのだ。
>
> 　彼らがそもそも元気だからこのような朝礼ができるのではない。「はい！」と手を上げ、大きな声で発言し、拍手で応えるから元気になるのだ。この居酒屋の店主は私に次のように言った。
>
> 　「居酒屋に来るお客様は、お酒や料理を食べに来るのではありません。居酒屋で楽しくにぎやかに過ごしたくて来るのです。だから居酒屋の店員は元気で笑顔でなければなりません。しかし、毎日店員が元気であるということは不可能です。機嫌が良い日があれば、悪い日もあります。だからこそ、朝礼で笑顔の品質管理をしているのです」。

現場代理人が元気いっぱい朝礼を実施し、作業員の人たちにプラスの刺激を与えるだけで現場全体が明るくなり、作業員のやる気が上がる。その結果、作業効率が上がり、無事故の現場とすることができるのである。

写真6-1●朝礼で現場に活力

(写真：洞口)

ときには「強育」も効果的

マズローは人の欲求は段階を追って高まっていくといい、これをマズローの欲求5段階説と呼ぶ（次ページの図6-1）。人は欲求を満たされるとやる気が高まる。ここでは、いかにして人の欲求を満たすことでやる気を高めるかについて考えてみよう。

人には、「生きたい」「働きたい」という欲求がある。これを、第一段階の生存安楽の欲求という。人の基本的な欲求である。給与、賞与、残業、休日、勤務体制なども影響する。

アメとムチという言葉がある。人は報酬や怖さによって動機付けられるという考え方だ。「お金を払うから働け！」とか、「しっかりやれ！」と現場で怒鳴ることで人を働かせるわけだ。これは短期的には絶大な効力がある。成

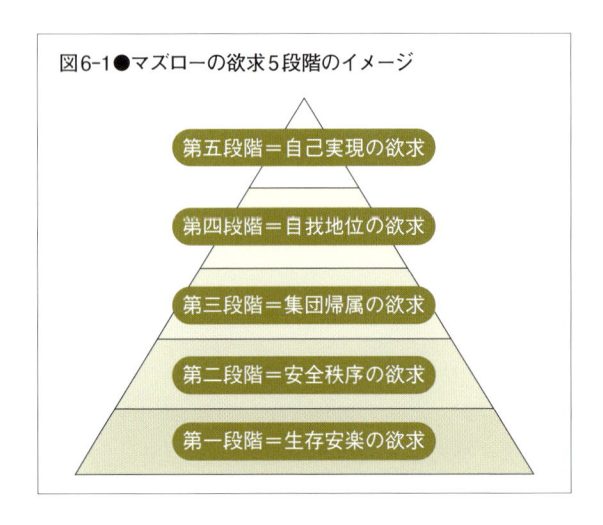

図6-1●マズローの欲求5段階のイメージ

- 第五段階＝自己実現の欲求
- 第四段階＝自我地位の欲求
- 第三段階＝集団帰属の欲求
- 第二段階＝安全秩序の欲求
- 第一段階＝生存安楽の欲求

果報酬制度もこの欲求を活用したものだ。しかし、お金を払わなくなったり怖い人がいなくなったりすると、いきなりやる気がうせてしまうという欠点がある。

　教育には、「強育」と呼ばれるものがある。強制的に教え込むということだ。人は強制されないと苦手なことをやらない面があるので、ときには「強育」も重要である。
　怖い上司がスパルタ式で部下を教えると、間違いなく人は育つ。

「共育」が社員の自主性を生む

　第一段階で「働きたい」と思っていた人も、それに慣れてくると「安全に、安心して、安定して働きたい」と思うようになる。これを第二段階の安全秩序の欲求という。派遣社員や一人親方として働いていた人が正社員になりたいと望み、危険な職場で働く人が安全な職場で働きたいと思うのもこの欲求である。

　また、秩序だった職場で働きたいという欲求もある。これには勤務体系や作業配置、作業手順などが影響する。マニュアルや業務標準書を作成して仕事をしやすくすることは、この欲求を満たすことになる。

> **従業員満足度の向上で紹介受注率が70％に**
>
> 　ある住宅会社Ａ社のことである。Ａ社は、顧客から新たな顧客を紹介してもらう比率（紹介受注率）が70％に上り、同業他社に比べて断然高い。私が、Ａ社で住宅を建築した顧客に聞いてみると次のように言う。
> 　「Ａ社の営業マンは困ったときに飛んで来てくれるので、とても安心しています。しかも、家を建ててからずっと同じ営業マンなのも安心している理由の一つです」。
> 　営業マンに聞いてみると次のように話した。
> 　「私は入社して１年目から住宅を販売することができました。これは会社が作った販売マニュアルのおかげです。マニュアル通りにお客様に対応したら、お客様に住宅を買っていただけたのです。自己流ではこんなに成果は出ませんし、もしも販売できたとしてもお客様に迷惑をおかけしたことでしょう。ですから、会社には本当に感謝しています」。
> 　Ａ社は同業他社に比べて、社員の定着率が高い。これは従業員満足度が高い証拠である。この高い満足度が高い紹介受注率を招いている。

　第三段階は集団帰属の欲求といい、仲間と仲良く働きたいと願う欲求である。これには社員同士や協力会社の人たちとの信頼関係が欠かせない。

　北風と太陽という話がある。旅人のマントを脱がそうと北風と太陽が競争した。北風はマントを吹き飛ばそうと、思い切り強い風を旅人に吹きかけた。しかし、旅人はかたくなにマントを握りしめた。太陽は逆に、旅人に暖かい光を与えた。そうすると、旅人は自分からマントを脱いだという話である。

　前述したアメとは太陽であり、ムチとは北風である。ここで言う集団帰属の欲求とは、人は太陽の暖かさを求めているということである。会社や仲間との暖かい関係をつくることができれば、社員は自主的に学び、働こうとする。このようにして人を育てることを「共育」という。

洗濯した作業服が関係を改善

　あと施工アンカー工事を施工する愛知県のM社は近年、耐震補強工事に伴うアンカー工事の受注が急増した。特に学校の耐震補強工事が多いため、施工時期は夏休みの7月から8月までに偏ってしまう。そうすると自社のアンカー工だけではアンカー職人が不足するので、遠隔地から助っ人を頼むことになった。そこで、北海道から来た職人に委託することになった。

　愛知県の夏は北海道に比べるととても暑く、北海道の職人はへとへとになってしまった。加えて、汗のためにシャツを1日4回着替えるので、夜遅くに宿舎に帰ってから洗濯をしなければならない。ついに、北海道の職人から親方に対して泣きが入った。

　「親方、この暑さやつらさにはもう耐えられない。北海道に帰ろうよ」。

　そんなある日、その日の仕事が終わり、午後8時過ぎにM社の事務所に帰ると、女子社員が待っていた。そしてこう言った。「汚れた服を置いていってください。私たちが明日、洗濯します。夕方には乾いた服をお渡しできますよ」。

　職人たちは驚いた。汗だらけで汚れた服を若い女性が洗ってくれるというのだ。しかも、現場が忙しいということは事務所作業も多く、女性社員たちも毎日遅くまで働いており、疲れているはずなのだ。

　翌日の夕方、職人が現場から帰ると、せっけんのいい香りがする作業着がきちんと畳んで置いてあった。職人たちは涙が出るほど喜んだ。ほかのなによりありがたかった。

　夏が過ぎ、工事も無事終了し、北海道に帰る日となった。親方はM社の社長にこう言った。

　「このたびはありがとうございました。お仕事をご依頼いただいたこと、また時折お酒をごちそうになったことにもとても感謝します。それ以上に、汚れた服を洗ってくださった女性社員の方々にはお礼の言葉もありません。実は、あまりにつらいので、来年のお仕事はお断りしようと思っていたのです。しかし、女性社員さんの温かさに触れ、ぜひ来年も愛知県に来たいと思うようになりました」。

　集団帰属の欲求がいかに大きいかを示すエピソードである。

上司が実践すべき五つの必須項目

　第四段階は、自我地位の欲求といい、やらされるのでなく、自分で決めて働きたいという欲求である。部下が他律的でなく自律的に働くことで、この欲求を満たすようになるためには、上司は次の五つのことを実践する必要がある。

（1）部下の見本となる

　上司が率先垂範して行動し、部下の見本になるということである。権限で人を動かそうとしても動かない。しかし、自らやってみせ、背中を部下に見せることで、その人徳で人を動かすことができるのである。

（2）仕事の価値や目的に気づかせる

　上司が部下に対して、その仕事の価値や目的を理解させていると、仕事の価値や目的を達成するように自ら考えて行動する。逆に、価値や目的を理解せずに仕事をさせると、指示・命令されたことしか行動しない。

　レンガを積んでいる職人に「何をやっているんだ」と声をかけた。
　そうすると1人目の職人は「レンガを積んでいるんだ。忙しいから声をかけないでくれ」と答えた。
　2人目の職人は「壁を造っているんだ。どうだ、真っすぐ積んであるだろう」と答えた。
　3人目の職人は「教会を造っているんだ。皆さんが使いやすいように工夫して積んでいるんだ」と答えた。
　4人目の職人は「教会を造り、この町を平和にする仕事をしているんだ。町の人に喜んでもらえると思うと誇らしく、いつ見学の人が来てもいいように、このように服装や身なりを整えて、さらに職場もいつもきれいにしているんだよ」と答えた。

　仕事の価値や目的を理解するとやる気が高まり、行動が変わるのである。

（3）部下を信頼して選択権や責任を与える

　部下を信頼して権限を移譲し、部下に選択権や責任を与えることで、部下は自律的に働くようになる。

　バレーボールのセッターが上司で、部下がアタッカーだとしよう。上司が上げたトスを部下がミスをして相手にブロックされてしまった。そのとき、あなたはどう思うだろうか。

(a) もう、あいつは信頼できない。二度とあいつにはトスを上げないぞ。
(b) 今度こそ決めろよ。決めないと承知しないぞ。
(c) 思い切り好きなように打て。ブロックされても私が拾ってやるぞ。

　(a) は「不信」の段階だ。上司がこのように思っていると、部下は力を出すことができない。(b) は「期待」の段階だ。上司がこのように思っていると、部下は期待に応えようとするが、それをストレスに感じたり、やらされ感につながったりする。
　(c) は「信頼」の段階だ。選択権や責任を与えることで、部下は自主的に行動することができる。

　ある企業の管理者研修でのことだ。講師は受講生に以下のように言う。
　「この研修を修了したら、あなたたちには部下が付くようになります。しかし、どんな部下が来るのかはわかりません。どんな部下が来ようとも部下を受け入れ、一生涯愛し続ける覚悟ができている人は手を上げてください」。
　そうするとパラパラと手が上がる。すると講師は、次のように言うのだ。
　「部下を心から信頼することができる人だけが、管理者になりえます。今、手を挙げなかった人は、管理者として部下を育てる心構えができていません。つまり、この研修を受ける権利もありません。すぐにここから退場してください」。

　人を育てるということは、一生愛し続け、信頼し続ける覚悟が必要だということなのだ。

(4) 部下を支援する

　これは部下のそばにいて、成長するよう支援することだ。しかし、楽にさせることではない。相談をしやすい職場環境をつくり、部下のミスはすぐにカバーすることである。先ほどのバレーボールの事例で言うと、アタックしやすいボールを上げることであり、相手にブロックされた場合は、ボールを拾ってあげることである。得点を上げるために、部下の代わりに上司がアタックすることは支援にはならない。

(5) 承認する

うまくいったら褒め、うまくいかなかったらしかるということである。褒めもしかりもしないことを無関心という。小さな目標を設定し、それにチャレンジさせ、達成すると褒めることを繰り返すと、人はやる気になり育つのだ。

> ### どんな少年でも一人前の現場代理人に
>
> 建設会社B社でのことである。その会社には、学生時代まともに学校に行かずに引きこもりや登校拒否、もしくは暴走族に入っていたような少年が入社する。不思議なことに、B社に入社すると、どんな少年でも一人前の現場代理人になるのである。その秘訣を見てみよう。
> 入社したばかりのA君に親方が言う。
> 「A君、この倉庫の片付けをしてほしいんだが、どれくらいの時間がかかる？」
> 「2時間くらいかなあ？」とA君が答える。
> 「では、30分でやってくれ」と親方。
> A君は「えっ」と、驚いた顔をしているが、仕方なく片付けを始めた。
> すると、他の社員がA君の様子を見て口ぐちに次のように声をかける。
> 「A君、30分にチャレンジしているんだって。がんばれよ」とか、
> 「A君、手際がいいね。この調子だと30分でできるぞ」とか、
> 「A君、片づけ方がいいね。今度僕に教えてね」などと言うのだ。
> それを聞いたA君、最初は照れくさそうだったが次第に顔が輝いてきて、みるみるうちに片付けのペースが上がってきた。そして、「親方、片付け終わりました」と言ってきたのは、片付けを始めてから25分後だった。
> それを聞いた仲間は、「A君、目標達成おめでとう」と拍手をした。

B社ではこのように仲間が積極的にかかわり、そして社員を承認することでやる気を上げ、どんな社員でも立派な現場代理人に育てているのである。

第五段階は、自己実現の欲求といい、目標を達成することによって、やればできるという思いを感じ、やる気が高まることである。

この場合、目標はできるだけ大きく、困難な方がやりきったときの達成感が高い。「パッション」という言葉は「情熱」と訳すが、一方で「受難」という意味もある。つまり「受難」を乗り越えようとすることと、「情熱」を

持って動くこととは同義であるということだ。家の近くの小さな山を登ったときよりも、富士山に登頂したときの方が感動が大きいのと同じである。

> ### 高い目標を与えてくれた先輩に感謝
> 　私が大学を卒業して2年目に赴任した現場で、工事用道路として使用する林道の拡幅工事を担当した。道路幅が3mしかない道路で、しかもカーブがきつかったので、トレーラーが通れるように広げる仮設工事である。橋脚を造って鋼材を渡し、覆工板をかける工法だ。
> 　私にとって生まれて初めての設計・施工の工事だった。まず現地を測量して橋脚を設計し、構造計算して鋼材の大きさを決めた。学生時代に習った教科書を引っ張り出し、計算して図面を描いた。いよいよ施工となったが、険しい山中で、足場の悪い現場だったので、とび職が恐れをなして逃げ出すというハプニングもあった。それでも何とか工事は完了した。
> 　いよいよ、最初の車がその拡幅部を通るという日の前日のことである。通行している車ごと、鋼材と覆工板がガラガラと音を立てて崩れ落ちたのだ。ハッと思い目が覚めた。夢だった。汗びっしょりだった。その後は気になって眠れず、深夜2時に慌てて現場事務所に向かい、構造計算をやり直した。計算は間違っていないか、許容応力の考え方は正しいか、コンクリート強度は出ているか、橋脚を支えるアンカー鉄筋の強度は大丈夫か……。さらにまだ薄暗い現場に行って、天を仰いで拝んだ。「神様、お願いします」。
> 　朝、最初の車が無事に通過し、仲間が拍手してくれたときには涙がこぼれた。無事だった安心感と、やりきった満足感とが入り交じっていた。高い目標を与えてくれた先輩の皆さんに心から感謝した。

教えることが指導ではない

　やる気を出させるための「育成」手法についてここまで述べてきた。続いて、知識や手法を身に付けさせる「指導」方法について述べよう。指導のポイントは、以下の（1）と（2）の二つである。

（1）知識と見識を向上させる

　第1章の3に、現場代理人に必要な能力は立体的で、「雑識」を「知識」から「見識」、「胆識」へと高めることが必要だと書いた。雑然とした情報である「雑識」を、整理して取りまとめる力があれば「知識」になる。さらに経験（体験＋疑似体験）を経て、「見識」となる。そして決断を実行するこ

とで、「胆識」を身に付けることができるのだ。

　ここで、「知識」はノウハウといわれ、どのようにするのかを知ることである。例えば施工の知識や技術などのことだ。さらに、「見識」はノウホワイといわれ、なぜするのかという本質を知り、問題発見能力を身に付けることである。これらの能力を、部下や作業員たちに身に付けさせることを「指導」という。

（2）成長の4原則を実践させる
　成長の4原則という言葉がある。
　・自ら考える
　・自ら発言する
　・自ら行動する
　・自ら反省する

　つまり、「指導」するということは、教えたり理解させたりするのではなく、部下が自ら考えて、自主的に発言、行動し、反省するような環境をつくることである。感じて自主的に動くことを「感動」というのに対して、理解させられて他律的に動くことを「理動」という。「理動」では人は成長しない。いかにして「感動」させて成長させるかが、指導の要点である。

　「すずめの学校」という歌がある。「すずめの学校の先生は、ムチを振り振りチイパッパ」という上意下達の学校である。これに対して「めだかの学校」は、「だれが生徒か先生か、みんなで元気に遊んでる」と、自由な雰囲気の学校である。企業全体が「めだかの学校」になれば、社員は自主的に育ち、活気にあふれた会社になるだろう。

2 OJTの効果を上げる方法

人材を育てるためには、次の三つの要素が重要である。
・やる気
・やり方
・やる場

やる気を出すための手法を「育成」と呼び、やり方を教育する手法を「指導」というと6章の1で述べた。さらには、人が育つ職場環境である「やる場」をつくることが必要である。

「指導」の手法は大きく分けてOJT（職場内訓練）とOFF-JT（職場外訓練）とに分けられる。そのうち、6章の2では主にOJTを取り上げ、現場代理人やその候補者を「指導」するための具体的な手法について解説しよう。

OJTとOFF-JTはいずれも重要な教育手法である。それぞれのメリットとデメリットをよく理解して推進する必要がある。**表6-3**にOJTとOFF-JTのメリットとデメリットを示す。

表6-3 ● OJTとOFF-JTの比較

	OJT（職場内訓練）	OFF-JT（職場外訓練）
メリット	・社員の能力に合わせた個別指導ができる ・教育内容を実務に落とし込みやすい ・繰り返し、教育を実施できる	・講師がその分野の専門家である ・広い範囲の体系的な教育を受けられる ・受講者が学習に専念できる
デメリット	・教育を担当する上司の指導力が不足している ・教育の幅が狭くなりやすい ・時間的な制約から、学習に専念できないことが多い	・受講者の能力と教育内容が完全に一致しない ・実務に落とし込むのが難しい ・繰り返しの教育が難しい

6章の1で、「指導」のポイントは以下の二つであると書いた。
・知識（ノウハウ）と見識（ノウホワイ）を向上させる

・成長の4原則（自ら考える、自ら発言する、自ら行動する、自ら反省する）を実践させる

百聞は一見にしかずという。また、百見は一体験にしかずとも思う。そうであれば一万聞は一体験にしかず、ということになる。よく上司が部下に、「何回言ったらわかるんだ」と言っているのを聞くが、答えは「1万回」だ。指導するうえで、体験させることがいかに重要かがわかる。

まずは5行のマニュアルから

OJT（職場内訓練）とはその文字どおり、仕事を通じて学ぶということである。仕事を通じて効果的に教育するためにはマニュアルが欠かせない。しかし、マニュアルを作る作業は手間がかかるし、なかなかその時間がとれないものだ。

そこで、第一段階として「1マニュアル5行」から始めるとよい。上司の指導の下に、部下に作成させた第一段階のマニュアル（5行）の例を**表6-4**に示す。

表6-4●第一段階のマニュアルの例

原価管理マニュアル
1. 実行予算を作成する。
2. 現場において、予算通りに施工しているかどうかを監視する。
3. 支払金額と実行予算とをチェックする。
4. 毎月の支払金額を、収支予定調書に記載する。
5. 　つの工種が完了すると、歩掛かり集計表を作成する。

部下が作成したこのマニュアルを基に、上司は現場で部下を指導する。部下は、このマニュアルに沿って仕事をしながら、上司から指導を受けたり、自分が現場で感じたりしたことをこの5行のマニュアルにその都度追記し、3カ月かけて10行のマニュアルにする（**表6-5**の第二段階のマニュアル）。その後も追記を続け、さらに3カ月かけて15行にするという形でマニュアルを熟成させる（**表6-6**の第三段階のマニュアル）。部下はマニュアルを作成する経過で、仕事を覚え育つのである。

表6-5●第二段階のマニュアルの例

原価管理マニュアル

1. 実行予算を作成する。
    (1) 実行予算書は着工10日前までに作成する。
2. 現場において、予算通りに施工しているかどうかを監視する。
    (1) 現場において作業工数と材料使用量を常に確認する。
3. 支払金額と実行予算とをチェックする。
    (1) 施工前に実行予算の範囲内で注文書を発行する。
4. 毎月の支払金額を、収支予定調書に記載する。
    (1) 収支予定調書に毎月の支払金額とともに残工事費を記載する。
5. 一つの工種が完了すると、歩掛かり集計表を作成する。
    (1) 一つの工種が完了後、1カ月以内に歩掛かり集計表を作成する。

表6-6●第三段階のマニュアルの例

原価管理マニュアル

1. 実行予算を作成する。
    (1) 実行予算書は着工10日前までに作成する。
    (2) 1式計上は特別なことがない限りは行わず、数量×単価で予算を作成する。
2. 実行予算が完成したら、工事部全員で予算検討会を開催する。
3. 現場において、予算通りに施工しているかどうかを監視する。
    (1) 現場において作業工数と材料使用量を常に確認する。
    (2) 使用機械と使用時間を確認する。
4. 支払金額と実行予算とをチェックする。
    (1) 施工前に実行予算の範囲内で注文書を発行する。
    (2) 実行予算を超えた金額で発注する場合は、工事部長の承認が必要である。
    (3) 協力会社からの請求書は、注文書と照らし合わせて確認する。
5. 毎月の支払金額を、収支予定調書に記載する。
    (1) 収支予定調書に毎月の支払金額とともに残工事費を記載する。
    (2) 支払金額と残工事費の合計が実行予算金額を超える場合は、工事部長に申請する。
6. 一つの工種が完了すると、歩掛かり集計表を作成する。
    (1) 一つの工種が完了後、1カ月以内に歩掛かり集計表を作成する。
    (2) 数量は現場で確認し、単価は直接、材料メーカーや商社、「建設物価」で調査する。
7. 工事の完成後、施工反省会を開催する。

　一通りのマニュアルが完成したら、さらに細部のマニュアルを作るようにするとよい。また、工事に関する作業マニュアルは工事ごとに作成するので、次々に作成することができる。教育のためのマニュアル作りの題材は尽

きることはない。

　仕事に対するマニュアルが完成したら、ジョブローテーション（人事異動）することが可能になる。マニュアルがあれば、部下が経験のない業務を実施しても、最低限の仕事をこなすことができるからだ。

　ジョブローテーションとは、例えば「現場業務 ➡ 積算業務 ➡ 営業 ➡ ……」と、担当業務を変えて異動させることである。または、現場業務であっても、担当する工事の種類を「トンネル ➡ 構造物の構築 ➡ 土工事 ➡ 道路舗装 ➡ ……」と変えていってもよい。

　ジョブローテーション（人事異動）をしたら前述のマニュアルを基にして、上司が部下を指導する。部下はその後、3カ月経過するとさらにマニュアルの見直しを行う。このとき、垂直評価と水平評価を行う。

垂直評価
　当該業務の前工程または後工程を経験した立場からその業務を見つめ、さらに前の工程や後の工程にとってより良いマニュアルとなるよう見直す。

水平評価
　当該業務と関連した業務を経験した立場からその業務を見つめ、手順の過不足はないか、表現のわかりにくさはないかという観点でマニュアルを見直す。

　そうすることで、マニュアルの内容が常に刷新される。同時に、そこで働く社員が自らの仕事を立体的（垂直、水平）にみることができるようになり、社員のレベルが上がってスキルアップを図ることができる。

雑誌を題材にした設問表でディスカッション
　5～8人程度のメンバーからなるチームをつくり、様々なテーマで勉強会を開催することで、知識を見識に昇華させ、成長の4原則（自ら考える、自

ら発言する、自ら行動する、自ら反省する）を実践することができる。

　共通の土俵でディスカッションができるように、書籍や雑誌などを読んだうえで設問表を作成し、ディスカッションする形式で行うとよい。

表6-7●「日経コンストラクション2010年1月8日号」を基にした設問表の例

名前（　　　　　　　　　　　　　）

設問1　「減らない防災と維持・補修の予算」（p42～53）には、環境、防災、維持・補修の事例が紹介されています。この分野で自社が取り組めることは何でしょうか？

設問2　「地方が自立的に発展する仕組みを」（p54～60）には、地方再生には自らの工夫で地域の魅力を創造し、競争力を高めていくことが重要であるとあります。あなたの地域ではどんな工夫をし、さらに自社はどんな取り組みをすべきでしょうか？

設問3　「成績80点の取り方」（p32～34）では、工程管理、安全対策、対外関係で高評価を得ている事例が書かれていますが、自分の現場で活用できることは何ですか？

設問4　「現場紀信」（p6～15）の写真を見て、建設構造物のすばらしさや力強さを書いたうえで、今後それを社会にどのようにして伝えていくべきかを書いてください。

（1）仲間の発表を聞いて気づいたこと、学んだことを書いてください。

（2）それを今後の自らの人生にいかにして生かしていきますか。

担当上司のコメント

表6-7に「日経コンストラクション」を活用した設問表の例を、表6-8に自社の施工報告書を活用した設問表の例をそれぞれ示す。この設問表は、自社にとって関連の深い記事や社員に学んでほしい事柄を、上司や教育担当者がピックアップして作成する。

表6-8●「○○建設工事に関する社内勉強会」の設問表

名前（　　　　　　　　　　）

設問1　【施工】本工事においては、場所打ち杭の施工精度を確保することに苦労しました。より高い精度を得られる施工方法を記載してください。

設問2　【原価】コンクリート数量が、設計数量よりも7％ロスしたことで実行予算を超過しました。今後同様なことが発生しないようにするにはどうすればよいですか？

設問3　【顧客対応】監理技術者からの書類提出が早いと発注者からお褒めいただき、工事成績も高評価でした。本工事を見習って、書類作成についてあなたは今後どのように工夫しますか？

設問4　【対外関係】土運搬工事中、近隣からのクレームが発注者に入り、工事が3日間ストップしました。あなたは、どのような近隣対策を取るべきだったと思いますか？

(1) 仲間の発表を聞いて気づいたこと、学んだことを書いてください。

(2) それを今後の自らの人生にいかにして生かしていきますか。

担当上司のコメント

第6章 人を育てる

　企業では様々な技術雑誌を購買して社内で回覧しているが、ほとんどの社員が読んでいない。せいぜい目次に目を通している程度である。この教育手法では、読ませたい技術雑誌を題材にすることで、社員に熟読させることができるメリットがある。勉強会は以下のような手順で進める。

①勉強会で対象とする教材（自社の施工報告書や技術雑誌、研究報告書など）を選定し、教育担当者が設問表を作成する（**表6-7**と**表6-8**を参照）。
②社員は教材を読んだ後、設問表に解答を記載する。
③5〜8人程度のグループをつくり、設問表を基にディスカッションする。その際、以下の原則を順守すると効果的である。
　・この勉強会の目的は物事を決めるのではなくフリーディスカッションなので、発言の正誤を判断しない
　・年齢や立場に関係なく、人の意見を尊重する
　・人の意見をよく聞き、それに対する自分の意見を積極的に述べる
④1回の勉強会の開催時間は2時間程度がよい。
⑤勉強会の終了後、学んだことや気づいたことを設問表に記入し、上司に

写真6-2●社内勉強会で人材を育成

（写真：水谷工業）

提出する。
⑥上司は記入された設問表にコメントを記載して、本人に返却する。

このような学びの場を論語では「会輔(かいほ)」と呼び、次のように言っている。
「曽子曰わく、君子は文を以て友を会し、友を以て仁を輔(たす)く」。
　一つの目標を持って人が集まり、単なる座談に終わらないで目標を達成し、人格を形成するための大きな助けとなる場とするのである。

プロジェクトチームでマンネリ化を打破

　前述のディスカッションをさらに一歩進め、5～8人程度のメンバーによるプロジェクトチームをつくり、あるテーマの下に活動することは、「知識」の昇華や成長の4原則をより進展させることができる。

　テーマの事例としては、以下のようなものが考えられる。
・原価低減プロジェクト
・新規事業プロジェクト
・イベントプロジェクト
・顧客満足プロジェクト
・従業員満足プロジェクト
・新卒社員採用プロジェクト

　プロジェクト活動を推進することで、以下のようなメリットがある。
・組織横断プロジェクトにする　➡　横のコミュニケーションが良くなる
・必ずしも役職にとらわれずにリーダーを選任する　➡　リーダーが育つ
・結論を急がない　➡　上司が決めた結論に従う指示待ち精神がなくなり、自立心が芽生える
・多数決でなく、全員一致　➡　コンセンサスを得る手法のトレーニングになる
・自ら決めて実践する　➡　自ら決めたことなので責任をもってやり切るようになる

上意下達からプロジェクトチーム主導へ

　住宅建築を手がけるＮ社では、販売促進イベントの企画はこれまで上司が決めて行ってきた。いわゆる上意下達の方針だ。それを今回から、プロジェクトチームの主導で行うことにした。

　最初にプロジェクトメンバーを選定した。営業部門に加えて施工部門、設計部門から２人ずつ選任して６人のプロジェクトとなった。

　まずは社長が６人のプロジェクトメンバーを集めて以下のように話した。

　「このプロジェクトは今後の会社の方向性を決める重要なものである。これまでも販売促進イベントを行ってきたのだが、マンネリ化の傾向があり、集客数も減少している。このプロジェクトの目的は、①これまでにない斬新なアイデアでイベントを企画する、②プロジェクトの活動を経てメンバーが成長する、③若手のメンバーが活躍することで社内に良い影響を与える、の三つだ。期待しているのでがんばってほしい」。

　プロジェクトリーダーに選ばれたＡ君は期待と不安を抱きながら、まずはプロジェクトの計画書を作成し、プロジェクトを推進することにした。

　そこでいくつかの問題に直面した。まず、会合へのメンバーの参加率が低いことだ。業務多忙とのことで担当上司が無言の締め付けを行っているようだった。メンバーの上司の理解が得られていないと考えたＡ君は社長に話して、メンバーの担当上司への通達を出してもらい、プロジェクトの重要性を伝えてもらった。

　次の問題はメンバーの能力だ。これまで与えられたことしかやってこなかったために、プロジェクトの計画に対する意見を求めても、従来のやり方と同じようなアイデアしか出てこない。これでは社長の方針である「これまでにないイベントの開催」ができない。Ａ君は他社のイベントを見学したり、住宅会社の実践状況を描いたビデオによる勉強会を開催したりすることで、メンバーの能力向上を図った。

　さらなる問題はメンバー間のコミュニケーションだ。普段は異なる職場で働いているので意思疎通ができない。プロジェクト会議を開催しても、お互い遠慮しあって本音を出し合うことができなかった。そこでＡ君は毎週１回の会合の開催、毎日のメールで相互の状況報告、毎月１回の懇親会（飲みにケーション）の開催を実施することにした。

　多くの問題を抱えながらもプロジェクトは推進され、イベントを開催することができた。

　メンバーが自主的に、生き生きとイベントを運営し、顧客に笑顔で接している様子を見て、社長はやらされ型の仕事の進め方でなく、自主的に仕事をさせることの成果を実感した。慣れない中でのイベント運営で問題も多々発生したが、メンバーの「一所懸命」さがそれをカバーし、顧客に高評価を得たようだ。今後も様々なプロジェクト活動を推進しようと決意したのだった。

写真6-3●プロジェクトチームで活動

(写真:花田工務店)

ポイント制で楽しみながら学ぶ

　これまで述べたマニュアルの作成やディスカッション型の社内勉強会、プロジェクトチームによる活動などのOJTを、計画的に実践するために、ポイント制による方式を解説しよう。原価低減活動や技術営業活動を推進するうえでも役立つ方式だ。この方式は計画段階から改善段階まで、以下のような手順で進める。

計画段階
　①社員の成長課題を考慮して**表6-9**のような目標項目の一覧表を作成する。
　②1グループ当たり5～8人のチームを編成する。
　③グループメンバーの役割を分担する(リーダー、サブリーダー、書記、目標集計係、連絡係など)。
　④各グループのリーダーの中から全体のリーダー(総リーダー)を選任する。
　⑤グループ名や理念、行動計画を決める(**図6-2**)。
　⑥個人目標を設定する(**表6-10**)。

実施段階
　⑦リーダーは随時、ミーティングを開催しながら、メンバーの目標項目の

表6-9●目標項目の一覧表

	ポイント	内容	目的
1. 文献リポート	6点/冊	・700～800字に要約、300～400字で感想 ・最低3冊分をA4原稿用紙に手書き	知識の増加 文章力を身に付ける
2. 個人面談	2点/人	・15分間以上、社員や協力会社、顧客と1対1で面談。リポートを提出する ・打ち合わせは不可	コミュニケーション能力を身に付ける
3. 全体研修への参加	6点/日	・遅刻や早退は30分まで可	知識の増加、進ちょく確認
4. グループ会議の実施、参加	4点/回	・ディスカッション型社内勉強会への参加。ただし、設問表にすべて記載していること ・プロジェクトの推進	ディスカッション型社内勉強会、プロジェクト活動の推進
5. 原価低減	1点/5万円低減	・実行予算や見積書より低減した金額。該当する資料を提出	原価低減能力の向上
6. 見積書の作成	2～6点	・10万円未満は2点 ・10万円以上は4点 ・1000万円以上は6点	見積もり能力の向上
7. マニュアル作成	6点/件	・業務に関係するマニュアルを作成する	業務実施能力の向上
8. はがき	2点/枚	・手書きのはがき	コミュニケーション能力の向上
9. 清掃	1点/日	・職場や現場、自宅の清掃（トイレが望ましい）。ボランティア清掃への参加は4点	作業環境の整備、人格を磨く

実施状況を確認してアドバイスする。

進ちょく確認段階
　⑧毎週決まった曜日に各自のポイント獲得結果を報告し、個人のコメントを記載する（表6-10）。
　⑨各リーダーはポイントの獲得結果をグループごとに集計する（表6-11）。
　⑩総リーダーは全社のポイント獲得結果を集計する（表6-12）。
　⑪ポイントの獲得状況を、経営者を含めて全員に周知する。

図6-2●グループづくりの例

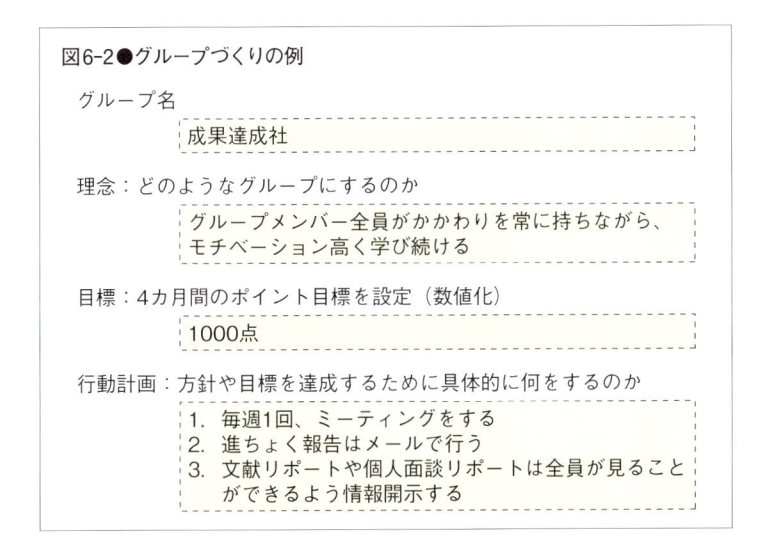

グループ名
　成果達成社

理念：どのようなグループにするのか
　グループメンバー全員がかかわりを常に持ちながら、モチベーション高く学び続ける

目標：4カ月間のポイント目標を設定（数値化）
　1000点

行動計画：方針や目標を達成するために具体的に何をするのか
　1. 毎週1回、ミーティングをする
　2. 進ちょく報告はメールで行う
　3. 文献リポートや個人面談リポートは全員が見ることができるよう情報開示する

図6-3●組織図

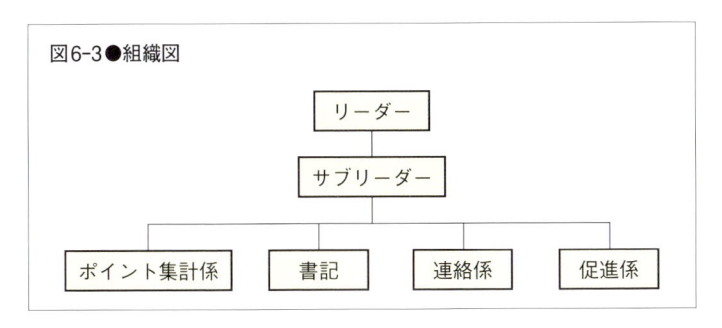

```
         リーダー
            │
        サブリーダー
    ┌───────┼───────┬───────┐
ポイント集計係  書記   連絡係   促進係
```

改善段階

⑫毎月1回程度、全体進ちょく会議を開催し、問題があれば解決する。
⑬教育期間終了後、目標達成状況を評価する。目標達成者や優秀な結果を残した社員を表彰する。

このポイント制によるOJT方式のメリットは次のとおりである。
・自主的に学ぶ姿勢が身に付く
・グループ間の競争心を持ちながら実施するので、楽しみながら学ぶことができる
・社員相互の学習状況が数値化されるので、人事評価ができる

第6章 人を育てる

表6-10●個人目標の管理表

日程 \ 項目	1. 文献　6点/冊　要約700～800字、感想300～400字（A4原稿用紙に手書き要）		2. 個人面談　2点/人　社員、協力会社と1対1で面談をする（15分間以上、要リポート）		3. 講義　6点/日　遅刻や早退は30分まで可		4. 社内研修　4点/回　・研修終了後、社内に研修実施・「理念と経営」社内勉強会（設問表にすべて記載のこと）	
修了基準	40点				40点			
	目標	実績	目標	実績	目標	実績	目標	実績
1　9/4～9	0	0	0	0	6	6	0	0
2　9/10～16	0	0	0	0	0	0	0	0
3　9/17～23	0	0	2	2	0	0	0	0
4　9/24～30	6	6	2	0	0	0	4	4
5　10/1～7	0	0	4	12	0	0	0	0
6　10/8～14	0	0	2	0	0	0	0	4
小計	6	6	10	14	6	6	4	8
14　12/3～9			2	0	0			
15　12/10～16	6	6	2	2	6	0	4	8
小計	18	18	20	8	12	6	12	28
総合計	24	24	30	22	18	12	16	36
進ちょく率	100.0%		73.3%		66.7%		225.0%	

6-2 OJTの効果を上げる方法

氏名：鈴木太郎

合計		進ちょく率	個人のコメント
240点			
目標	実績		
14	16	114.3%	現場が稼動しているのが今月までなので、お客様からの追加見積もりなどがあり、5と6は予想よりポイントを取ることができました。第一週ということもあって目標が低かったですが、次週からの活動を活発化します。
12	13	108.3%	進ちょく率は100%で結果はいいですが、内容としては達成できていない目標があるので、各項目で目標以上の結果が出せるように今後の活動をしていきます。
12	17	141.7%	工事が終わりがけということもあって、見積もり作成や原価低減ではポイントが加算できましたが、来週までにやらなければならない本や文献を早い段階からできるようにしていきます。
27	39	144.4%	来週にまとめて個人面談を実行する計画で動いてしまっており、前回より進ちょく率が低くなってしまったので、来週に個人面談を多く実行し、計画より多いパーセントを目指します。
13	23	176.9%	個人面談で今週はポイントをアップすることができました。社内研修を毎週行うのを来週から始めますので、進ちょく率が良くなっていくと思いました。
17	27	158.8%	今回は手書きのはがきを進めることができました。文献に対しての目標を上回れるように、今後の活動をしていこうと思います。現場がないため、見積もりや原価低減ができないので、他の項目でポイントアップを目指します。
95	135	142.1%	
12			今週は原価低減ができ、……ました。文献で今週最後のポイントを獲得して、修了範囲をクリアできるように行動していきます。
27	23	85.2%	文献ではなく、個人面談で修了ポイントが獲得できました。小工事の積み上げでは原価低減のポイントにはとどかず、予定よりパーセントが下がってしまいました。
103	109	105.8%	
256	415	162.1%	
162.1%			

表6-11● 「とことん掃除」グループの目標管理表

日程	氏名	山田 目標	山田 実績	田中 目標	田中 実績	鈴木 目標	鈴木 実績	山本 目標	山本 実績
1	9/4〜9	12	12	22	14	14	16	12	6
2	9/10〜16	38	52	19	21	12	13	21	23
3	9/17〜23	34	63	25	29	12	17	15	25
4	9/24〜30	31	33	29	35	27	39	25	25
5	10/1〜7	22	39	29	33	13	23	17	25
6	10/8〜14	36	118	29	35	17	27	23	25
	小計	173	317	153	167	95	135	113	129
11				9	25				
12	11/19〜25	16	7	19	19	16	19	21	29
13	11/26〜12/2	18	7	7	19	22	13	11	21
14	12/3〜9	12	13	7	21	12	14	11	15
15	12/10〜16	10	23	1	15	27	23	11	15
	小計	179	202	127	219	161	280	153	189
	総合計	352	519	280	386	256	415	266	318
	進ちょく率	147.4%		137.9%		162.1%		119.5%	

6-2 OJTの効果を上げる方法

合計		進ちょく率	リーダーのコメント
目標	実績		
60	48	80.0%	スタートから90％以下と低い数字になってしまいました。用意できていなかったとか個人の言い訳が目立つ。来週は、皆で100％以上の達成になるよう声掛けをもっとしていきます。
90	109	121.1%	まだまだ先週分を取り返せていないが、今週は各個人全員が100％以上達成でき、個人目標の達成意識が高まってきました。この勢いを保ち、来週からは目標達成率を上回っていきます。
86	134	155.8%	各個人がやっとエンジンがかかってきました。この調子で先行ばてばてにならないよう、毎週のグループ勉強会で意識を現状維持もしくはさらなる上を目指して躍進します。
112	132	117.9%	達成率としては100％を超えていますが、山本さんについては元の計画が30％以下なので来週は40％以上になるよう声を掛けて指導していきます。
81	120	148.1%	今週はまずまずの計画になっている。予算残など、できない項目があるといい訳をしないよう、他のはがきや面談で点数が取れるよう声かけをします。
105	205	195.2%	まだまだ全員が前半主義目標を達成できていないが、個人目標の達成率は現在100％を上回っています。この調子で来週、再来週には前半主義目標を上回っていけることと思います。
534	748	140.1%	

			来週には個人達成できる...週の目標は達成していきます。
72	74	102.8%	今週は、山本さんのたった1人での街頭清掃参加など、目覚しい行動と成果で目標を達成したことが最大の出来事でした。3人になり、特に努力を積まなければトップを取れないので頑張ります。
58	60	103.4%	ここまで遂行してきて、チームの皆さんは清掃が習慣になっている。研修終了後もはがきや読書、ボランティアなどを習慣として行えるようあと2週、頑張ります。
42	63	150.0%	先週のチーム目標未達成を反省し、各自にさらなる奮起を促したところ、結果として目標を達成できました。次週は街頭清掃に参加し、さらなる上積みを実行していきます。
49	76	155.1%	最終となって、個人の立てた目標で達成できなかった項目が自分の弱い点だと思います。研修終了後も弱い点を特に習慣化していきましょう。
620	890	143.5%	
1154	1638	141.9%	
141.9%			

第6章　人を育てる

表6-12 ●全グループの目標管理表

日程	グループ名	とことん掃除 目標	実績	本気社 目標	実績	一流社 目標	実績	オロナミン☆F 目標	実績
1	9/4～9	64	48	62	62	60	54	72	66
2	9/10～16	100	109	51	43	107	89	96	91
3	9/17～23	91	134	52	83	105	115	72	99
4	9/24～30	102	132	111	147	109	100	103	85
5	10/1～7	93	120	74	101	82	114	152	157
6	10/8～14	110	199	67	85	94	154	118	179
	小計	560	742	417	521	557	626	613	677
11				55	104				
12	11/19～25	78	74	72	107	92	110	109	149
13	11/26～12/2	50	60	77	92	57	111	82	81
14	12/3～9	45	63	57	61	42	99	115	85
15	12/10～16	32	70	104	116	66	107	82	111
	小計	594	896	663	1026	668	1030	894	1139
	総合計	1154	1638	1080	1547	1225	1656	1507	1816
	進ちょく率	141.9%		143.2%		135.2%		120.5%	

合計		進ちょく率	総リーダーのコメント
目標	実績		
258	230	89.1%	スタートから100%超えのグループがなく、提出期限も遅れています。総まとめ役として声掛けが足りなかったです。来週は全グループが期日内に提出でき、100%を超えられるよう声掛けします。
354	332	93.8%	今週は110%を目標と伝えていたのに全体で100%以下で非常に残念に思います。同時に、各個人のばらつきが出てきました。特に来週は休日が長くあるので、できなかったことがないようお願いします。
320	431	134.7%	今週は全グループが目標を達成でき、ありがとうございます。やっと各個人の役割などが機能してきたと思います。ただ、前半折り返しの達成が50%以下なのでもっと頑張りましょう。
425	464	109.2%	先週は皆に声を掛けてやる気がアップし、全員が目標達成となった。そこで、今週もやってくれると自分が皆に任せきりになっていた結果です。中間月曜日に声掛けをします。
401	492	122.7%	チーム全体では目標が達成できました。達成できた翌週には気の抜ける傾向があるので、月曜日に声掛けを行っていきます。毎週達成できない方が2人ほどいるのが残念です。
389	617	158.6%	チーム目標は各チームが達成できています。しかし、前半主義目標としては57%以上が必要です。今週は目標から150%の達成だったので、来週も150%を目指して頑張りましょう。
2147	2566	119.5%	
			〜に「一流社」の全員が〜、2週で全員が達成になります。頑張りましょう。
351	440	125.4%	今週で皆さんが個人目標の100%を達成しました。項目によっては100%になっていないものもありますので、全体の項目でも100%が取れるように頑張りましょう。
266	344	129.3%	今週は週の目標達成ができていない方が数人いました。達成率では「本気社」、総ポイントでは「オロナミンF」がトップとなっています。どのチームにも負けないつもりで頑張りましょう。
259	300	110.9%	今週は「一流社」。達成後も目標高く継続できており習慣化してきていると思います。あと1週でどの社もトップが取れるので頑張りましょう。
284	404	142.3%	各チーム120%以上の達成、おめでとうございます。しかし、各個人を見ると目標が達成できていない項目があります。そこが弱い所です。研修後、弱い所は強みに変えましょう。
2833	4079	144.0%	
4980	6645	133.4%	
133.4%			

3 消極的な社員を戦力に

　一般的に成長とは、体が大きくなることと能力が高まることをいう。つまり、成長とは量と質の両面がある。量の成長である体を大きくするためには、睡眠や食事、運動、そして健全な職場環境が必要だ。質の成長である能力を高めるためには、競争が欠かせない。切磋琢磨するライバル、そして追い求めるべき師匠の存在だ。

　企業経営において、戦略の立案は重要である。激動の外部環境を受け、企業を繁栄させるためには適切な戦略の立案は欠かせない。そして、戦略の立案と同じくらい、またはそれ以上に重要なことは、戦略を実行することだ。製造業であれば有能な機械を購入することで、その戦略を実行することができるが、建設会社の場合は人しかない。立案した戦略に見合うような人材が、確実に戦略を実行する能力がなければその実現はあり得ない。

　建設会社において、現場で戦略を実行するのは現場代理人である。したがって、現場代理人を量と質の両面で成長させることは企業経営の最重要課題である。

マネジメントとコントロールで育成

　現場代理人の育成は、2対6対2の法則を考慮したうえで行わなければならない。最初の2割は、学ぶことに積極的な層である。次の6割は学ぶことに消極的な層であり、最後の2割は学ぶことに否定的な層だ。どの企業にもこの割合で存在することから、これを2対6対2の法則と呼ぶ。

　最初の2割はきっかけさえ与えれば勝手に本を読み、資格を取得して学び、成長する。学ぶ環境を与えることが成長の条件だ。例えば権限の委譲やジョブローテーションがそれに当たる。最後の2割は残念ながらいくら与えても成長しないので、今の実力に見合った改善の必要があまりないルーチンワークをさせるよりほかはない。

最も配慮すべきなのは残りの6割だ。学ぶことに対して消極的な層を、いかにして積極的に学ばせるかが重要だ。この層が積極的になれば、企業の成長度合いは高くなる。多くの企業では、この層をいかにして積極的に学ばせるかに苦心している。やる気とスキルの関係を図6-4に示す。

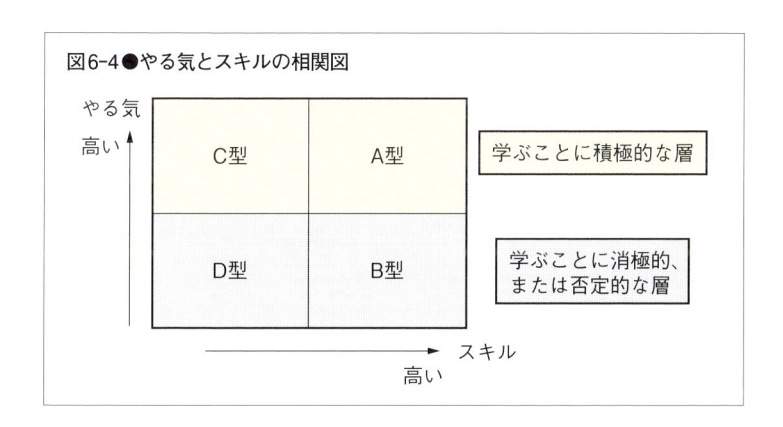

図6-4●やる気とスキルの相関図

	スキル低い	スキル高い
やる気高い	C型	A型
やる気低い	D型	B型

A型・C型：学ぶことに積極的な層
B型・D型：学ぶことに消極的、または否定的な層

A型：やる気もスキルも高い。理想的な層である。
B型：スキルは高いがやる気が低い。ベテラン技術者に多い。スキルが高いので、通常はそこそこの仕事ができる。しかし、向上意欲に欠けるため、困難な仕事や緊急事態に力を発揮することができない。
C型：やる気は高いがスキルが低い。若手技術者に多い。スキルが低いので、やる気が空回りする。一生懸命に仕事をするのだが、ミスが多く発生する。
D型：やる気もスキルも低い。

A型とC型が学ぶことに積極的な層、B型とD型が学ぶことに消極的、または否定的な層である。では、これらの層ごとに、どのように育てればよいのかを考えてみよう。

人材育成の仕方には大きく分けて2種類ある。統制（コントロール）下の指示による育成方法と、管理（マネジメント）下の関与による育成方法である（図6-5）。

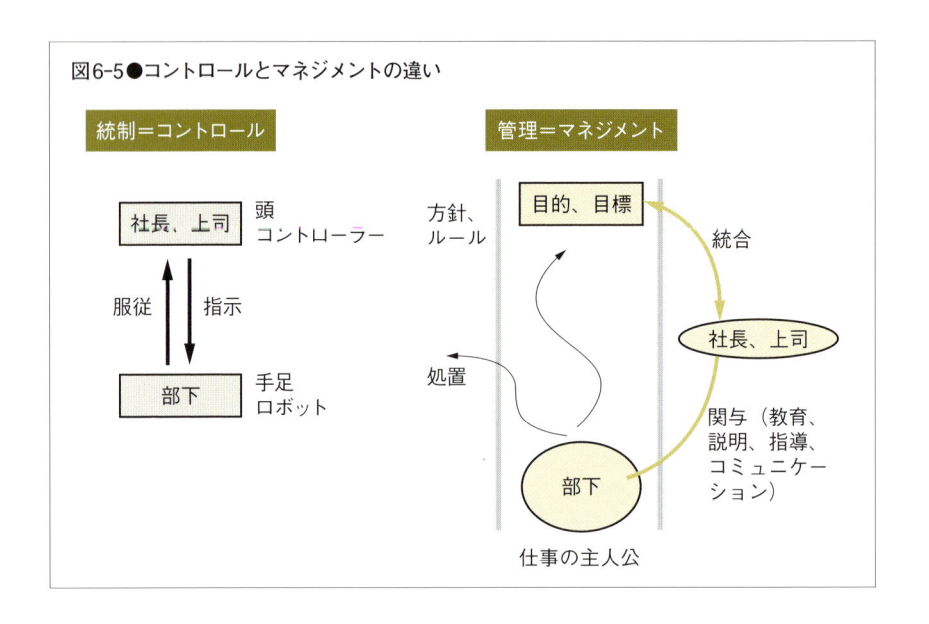

図6-5 ●コントロールとマネジメントの違い

統制＝コントロール
- 社長、上司：頭／コントローラー
- 部下：手足／ロボット
- 服従 ↑ ／ 指示 ↓

管理＝マネジメント
- 目的、目標
- 方針、ルール
- 社長、上司
- 部下（仕事の主人公）
- 統合
- 関与（教育、説明、指導、コミュニケーション）
- 処置

　統制（コントロール）とは、社長や上司が部下や社員に強い指示をして、部下や社員はそれに服従する関係だ。この方法でマニュアルや手順を教え込むことを「指示」と言い、この指示によって部下や社員の仕事のスキルを上げることができる。

　管理（マネジメント）とは、社長や上司が部下や社員に目標を設定させ、一定の方針やルールの範囲内で自主的に仕事をさせる関係である。この方法で部下や社員に教育や説明、指導、コミュニケーションを実施することを「関与」という。このことによって、部下や社員は仕事に自主的に取り組み、しかも社長や上司に関与されて見守ってもらえているという安心感から、やる気を高めることができる。

「指示」ばかりでは若手が退職

　次に、それぞれの人材に対してどのように教育をすればよいのかを考えてみよう。D型の人材にはまずは「関与」を強め、やる気を上げる必要がある。その結果、C型の人材になると、今度は「指示」を強め、スキルを向上させる。その結果、A型の人材になる人と、B型の人材になる人とに分かれ

る（図6-6）。

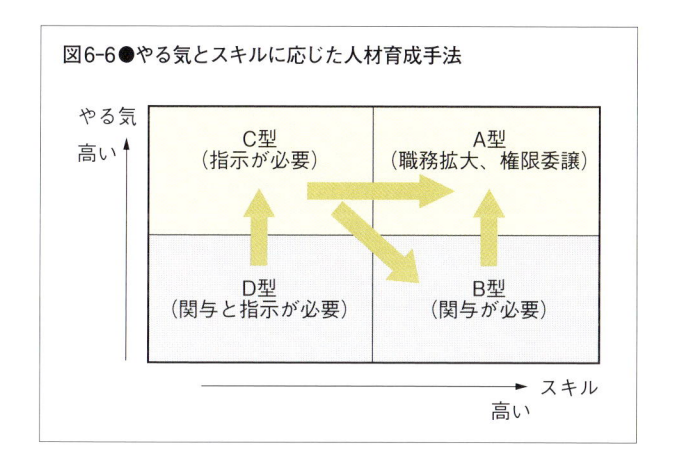

図6-6 ●やる気とスキルに応じた人材育成手法

```
やる気
高い
          C型              A型
      （指示が必要）    （職務拡大、権限委譲）

          D型              B型
    （関与と指示が必要）  （関与が必要）
                                    → スキル
                                      高い
```

　C型の人材の一部はA型となるのだが、その他の人は「指示」が増えることによってやる気を失い、スキルは上がるがやる気のあまりないB型の人材になってしまう。やる気があってスキルが低いC型の代表である若手社員が、指示ばかりされることでやる気を失い、その結果、平均して3年以内に30％以上が退社している理由はここにある。

　そしてB型の人材に対しては、「関与」を強めることでA型の人材にすることができる。

　A型の人材には、もはや「関与」も「指示」も不要だ。ジョブローテーションなどによって職務を拡大して仕事の幅や深みを増したり、権限を委譲して責任ある仕事をさせたりすることでさらに成長させることができる。

　では、どのような人材がA型やB型、C型、D型に属するのかを診断してみよう。**表の6-13と6-14**のスキルややる気の診断チェックリストに点数を付け、**図6-7**のやる気とスキルの診断シートにプロットしてほしい。

表6-13 ●スキル診断チェックリスト

NO	質問	点数
X-1	社会人になってからの建設関連の資格取得数 （5個以上＝5点、4個＝4点、3個＝3点、2個＝2点、1個＝1点、0個＝0点）	
X-2	1カ月当たりの平均書籍読書数 （5冊以上＝5点、4冊＝4点、3冊＝3点、2冊＝2点、1冊＝1点、0冊＝0点）	
X-3	現場管理者としての経験年数 （20年以上＝5点、19～15年＝4点、14～10年＝3点、9～5年＝2点、4～2年＝1点、2年未満＝0点）	
X-4	現場代理人、もしくは監理技術者としての経験年数 （10年以上＝5点、9～8年＝4点、7～6年＝3点、5～4年＝2点、3年未満＝1点、未経験＝0点）	
X-5	社外研修や社内勉強会へ参加する1カ月当たりの平均時間数 （5時間以上＝5点、4時間程度＝4点、3時間程度＝3点、2時間程度＝2点、1時間程度＝1点、0時間＝0点）	

表6-14 ●やる気診断チェックリスト

NO	質問	点数
Y-1	自分の知識向上や資格取得のために、自分のお金を積極的に使っている	
Y-2	休日に開催される講演会や勉強会、異業種交流会に積極的に参加している	
Y-3	上司や先輩から技術や資質を学ぶために、自ら積極的に教えを請うている	
Y-4	自社の現場や他社の現場を積極的に見学している	
Y-5	部下や後輩に技術や資質を積極的に教えている	

＊点数：全くそのとおり＝5点、時々そうしている＝4点、まれにそうしている＝3点、ほとんどしていない＝2点、全くしていない＝1点、考えたこともない＝0点

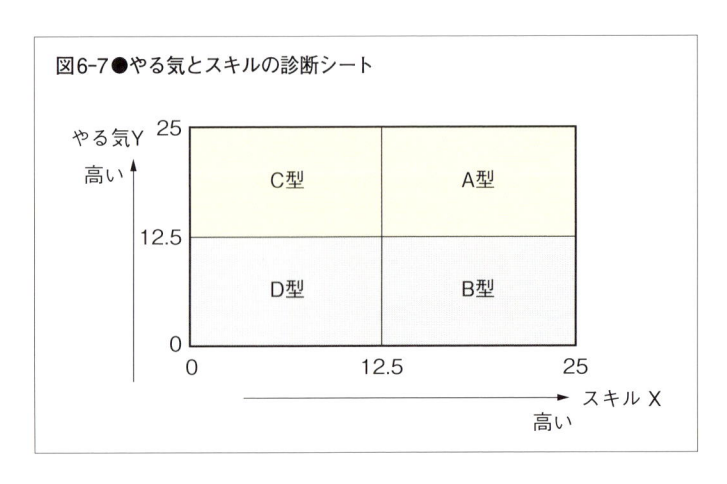

図6-7 ●やる気とスキルの診断シート

やる気Y 高い

	C型	A型
	D型	B型

縦軸：0、12.5、25
横軸：0、12.5、25　スキルX 高い

資格取得も「共育」と「強育」で

　私は20年近く、技術士や一級土木施工管理技士、一級建築施工管理技士、一級電気工事施工管理技士、コンクリート技士などの受験対策講座を運営し、延べ1000人近くの受験生を見てきた。多くの人が合格したが、残念ながら不合格の人もいらっしゃった。

　受講生の中でも、やる気もスキルも高いA型の人は、試験のコツさえ教えれば講師や周囲の人たちから自ら刺激を受け、ほうっておいても合格した。一方、やる気もスキルも低いD型の人材は少なかった。資格を取ろうとも思わないのだろう。

　問題は、スキルは高いがやる気の低いB型と、やる気は高いがスキルが低いC型の人材だった。当初はその違いがわからずに一律の方法で指導していたので、なかなか合格率が上がらないという問題に直面した。

　そこで、先述の表6-13や表6-14に示すやる気やスキルの診断方法を開発し、その結果に基づいて個別に指導することにした。その結果、多くの合格者を排出することができるようになったのだ。なお、表6-13と表6-14のチェックリストは一般的な現場代理人を対象にしているので、特定の資格受験のためのチェックに用いるには個別に作成しなければならない。

　B型の人材は、比較的年齢が高くて経験豊富な人、もしくは高学歴の人に多かった。この人たちは、やる気を高めることさえできれば元々スキルが高いので、自主的に勉強して合格圏に入る。問題は、なかなかかからないエンジンを、いかにしてかけるかである。

　そこで、関与度を増やすために、目標設定を明確にし、電話やメールなどによるフォローを綿密に行った。時には職場にも出かけていって、夕方にひざ詰めで話をした。宿題をやってくると褒めることも忘れずに行った。いわゆる「共育」だ（6章の1を参照）。その結果、やる気が高まり、後半は特にフォローしなくても自主的に勉強し始め、合格することができた。

C型の人材は、若手の技術者や勉強せざるを得ない環境にある人（会社の経営が危うく転職するためにどうしても資格が必要な人など）に多かった。この型の人材はスキルが低いため、やる気が空回りしている。問題は、いかにして勉強の量を増やすかである。

　この人たちは、やる気があるので厳しく指導してもへこたれない。数多くの宿題を与え、その提出が遅れたり出来が悪かったりすると、厳しくしかった。また、同じ問題を繰り返し解かせることで基礎を身に付けさせた。いわゆる「強育」だ（6章の1を参照）。ただし、強育が行き過ぎるとやる気が低下するので、表情をよく監視する必要がある。その結果、スキルが高まり、合格することができた。

　受験講座を運営する立場からすると、A型の人材に数多く受講してもらえれば楽に合格率が上がる。しかし、なかなかそうはいかず、B型やC型、D型の人材がいるからこそ、受験講座の存在価値があるのだろう。

写真6-4●資格取得の勉強法にも工夫が必要

（写真：水谷工業）

社員の積極性に応じて学習プログラムを工夫

先に、2対6対2の法則について述べた。企業には、学ぶことに積極的な2割の層と、学ぶことに消極的な6割の層、学ぶことに否定的な2割の層の3種類があるということだ。

このうち、積極的に学ぼうとする層(積極的学習者の層)と、学ぶことに消極的な層(消極的学習者の層)に対しては、人材育成の手法が異なる。

積極的学習者には、権限委譲や職務拡大、ジョブローテーションという体験型学習プログラムのほか、研修内容を自由に選べるカフェテリア方式を利用した座学型学習プログラムによる学習が効果的だ。

一方、消極的学習者に対しては、まずは積極的に学ぶ意欲がわくようなプログラムにしなければ学んだ内容が身に付かない。図6-8の矢印のように、体験型学習プログラムも座学型学習プログラムも、対象者の積極性が高まることを念頭に置いて計画すべきである。

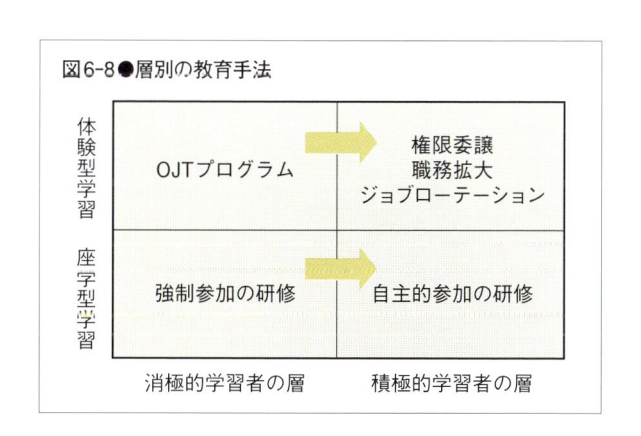

図6-8 ●層別の教育手法

	消極的学習者の層	積極的学習者の層
体験型学習	OJTプログラム	権限委譲 職務拡大 ジョブローテーション
座学型学習	強制参加の研修	自主的参加の研修

教育プログラムの基本は、①注意、②関連性、③自信、④満足感である。この四つを満たすようなプログラムや教材を作る必要がある。

表6-15に教育プログラムの事例を示す。これに留意してプログラムを作成してほしい。

表6-15●教育プログラムの事例

	体験型学習プログラム	座学型学習プログラム
①注意を引く内容にする	・体験した後、必ず自分の意見を述べる➡「私はこう思います」 ・体験した内容に関してさらにどのように改善すればよいのかを考える➡「自部署ではこのようにします」	・動画や写真などによる可視化や驚くようなデータによって、興味を持たせる➡「へえ！」 ・参加者に質問を投げかけることで参加型にする➡「ええっと…」 ・笑いと知性を与える➡「なるほど！」
②業務との関連性を持たせる	・実際の工事反省会や工事検討会に主体的に参加させる。また、現場見学によって自分の現場との違いを学ばせる➡「なるほど、そうすればよいのか！」	・実施している業務と関係の深いプログラムにし、演習を実際の工事を題材にした内容にする➡「こうすればいいのか！」
③自信を持たせる	・具体的な業務上の成果が上がるようなプログラムにする。また、成果を上げるために周囲が支援する➡「やった！」	・演習の難易度を下げて、解答することができることによって、自信を持たせる➡「できた！」
④満足感、感動させる	・学習成果が上がったことに対して表彰したり評価したりすることで、満足感を高める➡「うれしい！」	・無意味なものに価値を見いださせる➡「ああ、そうだったか！」 ・複雑なものを単純化する➡「要はそういうことか！」 ・見えないものを見えるようにする➡「目からウロコだ！」

　ここまで、それぞれの層に対する学習手法について解説した。重要なことは「育てる」のではなく、「育つ環境をつくる」ことだ。

目標より目的が学習意欲を高める

　次ページに示したのはオリンピック選手の例だが、私たちも働く目的、生きる目的、そして学ぶ目的を明確にする必要がある。「○年○月に資格を取る」のは目標だ。その前に、なぜ資格を取るのかという目的を明確にしなければならない。

　「技術士」の資格を取得しようとする人たちに先日、「なぜ、技術士の資格を取ろうと思ったのですか」と伺うと、それぞれ次のように話した。「自己啓発です」、「社命です」、「手当が増えるからです」。この人たちは、残念ながら不合格だった。

オリンピックで金メダルを取る「目的」とは

　オリンピックに出場するような選手は「オリンピックで金メダルを取ることが目標です」などと話す。その目標を達成するよう、毎日厳しい練習をしていることだろう。では、オリンピックで金メダルを取ることの「目的」は何だろうか。何のために、金メダルを取ろうと思ったのだろうか。

　シドニーオリンピックのマラソンで金メダルを取った高橋尚子選手は次のように言っている。「走るのが大好き。だから走ることの楽しさを大勢の人に伝えたい」、「私が勝つとマラソンの楽しさを伝えることができる」。

　つまりマラソンの楽しさを伝える、そして自らが勝つ姿を通して、日本の人たちに夢と希望を与えることが、高橋尚子さんがオリンピックで金メダルを取る「目的」だったのだ。

　少し古い話になるが、1964年の東京オリンピックで、円谷幸吉選手がマラソンで銅メダルを取った。日本は大いに沸き、次のオリンピックで円谷選手が金メダルを取ることを期待した。円谷選手本人も、次の目標を「メキシコシティオリンピックでの金メダル」と宣言した。

　しかし、円谷選手はその後、様々な不運に見舞われ続けた。所属する自衛隊体育学校が十分な支援をしてくれなくなった。その中で周囲の期待に応えるため、オーバーワークを重ね、腰痛が再発した。病状は悪化して椎間板ヘルニアを発症。1967年には手術を受けた。病状は回復したが、かつてのような走りをできる状態ではなかった。そして、1968年1月9日にカミソリで頸動脈を切って自殺したのだ。

　以下は、その際の遺書の一部である。

　「父上様、母上様。幸吉はもうすつかり疲れ切つてしまつて走れません。何卒お許し下さい。気が休まることもなく御苦労、御心配をお掛け致し申しわけありません。幸吉は父母上様の側で暮らしとうございました」（陸上自衛隊　三等陸尉　円谷幸吉）。

　円谷選手は東京オリンピックの後、オリンピックで金メダルを取ることが走る「目的」になってしまったのだ。その結果、支援を得られなくなってけがをしてオリンピックに出場できなくなったら、走る「目的」だけでなく、生きる「目的」さえもなくなり、死ぬしかほかに選択肢がなくなったのだろう。

　高橋尚子選手もシドニーオリンピックで金メダルを取った後は、けがに泣かされ、その後のオリンピックには出場していない。しかし、今でもマラソンの解説をし、市民マラソンに出場して笑顔で走っている。「マラソンの楽しさを伝えたい」、「日本人に夢と希望を与えたい」とする彼女の「目的」があるから、金メダルという目標を他の目標に置き換えることができたのだ。

一方、次のように話す人たちもいた。「技術士の資格取得を通じて、日本の技術を生かした社会資本を世界に整備して、世界中の人たちの生活を豊かにすることです」、「技術士の資格を取得して、3年後に独立して自分の技術で社会に貢献したいです」。これらの人たちは、ほとんどが一度の受験で合格した。つまり、「技術士取得」の目的である「世界の豊かな幸せ、社会への貢献」が明確であり、それを考えるだけで心に火がつくような熱い思いこそが、積極的に学ぼうとする動機付けになる。

　「原価管理の知識を習得して、現場の原価を10％低減させる」のは目標だ。なぜ原価低減するのだろうか。原価低減することで無駄な作業がなくなり、効率的に作業ができたとしたら職人が喜ぶだろう。もちろん、顧客も安い価格で施工してもらえるので喜ぶ。つまり、原価低減の目的は「顧客や職人の幸せ」だ。

　働く目標は昇進や昇格、昇給などであっても、目的は自己実現や人の役に立つこと、人の幸せである。会社経営の目標は売り上げや利益、規模、上場などだが、目的は従業員満足、顧客満足、社会貢献である。目標にとらわれることなく、目的を明確にすること（**表6-16**）で学ぶ意欲が高まり、積極的学習層が多い組織となる。

表6-16●学習の目的や目標、実践計画の例

目的	目標	学習の実践計画			
		誰が	何を	いつ	どのようにして
日本人に夢と希望を与える	○○年のオリンピックに出場する	私が	ライバル選手の分析を	毎月	3時間行う
カンボジアに道路を造る	○○年までに技術士になる	私が	受験講座を	3月10日に	申し込む
お客様や職人を幸せにする	現場の原価10％削減	私が	歩掛かり勉強会を	毎月第2水曜日に	部員とともに2時間開催する
お客様に安心・安全の住宅を提供する	現場営業で100万円/月の受注	私が	マーケティングの勉強を	毎月	1冊の本を読む

熟練の現場代理人ほど「意思表示」の能力が必要

人は認められたいという欲求がある。そのため、何を学べば評価されるのかを明確にすることで積極的に学ぼうとする。つまり、積極的学習者を増やそうと思えば、どのようなスキルを身に付ければ評価するのかを明確にしなければならない。

部下や協力会社などを管理する現場代理人は、自らの能力を高めるとともに、図6-9のような関係者との調整を行う能力が必要とされている。

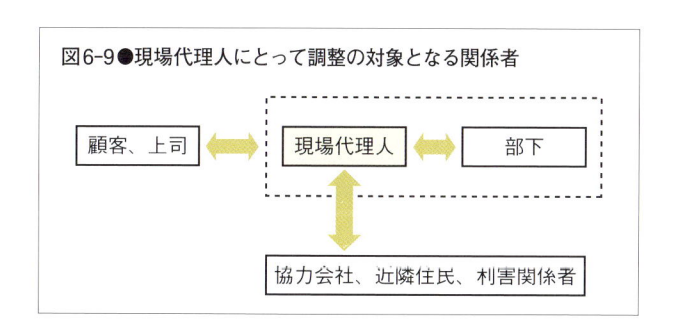

図6-9●現場代理人にとって調整の対象となる関係者

顧客、上司　⇔　現場代理人　⇔　部下
　　　　　　　　　↕
　　　　協力会社、近隣住民、利害関係者

そのうえで、現場代理人に必要なスキルには、以下の三つがある。
- テクニカル（技術）スキル
  ：業務を遂行するために必要な知識や経験、判断力
- ヒューマン（対人）スキル
  ：関係者との葛藤処理能力、動機付け能力、フィードバック能力
- コンセプチャル（概念化）スキル
  ：関係者に対するイニシアチブ（率先して発言したり行動したりして他を導く）能力、意思表示能力

現場代理人の立場に応じて、これらのスキルの必要度は異なり、熟練者ほどコンセプチャル（概念化）スキルが必要で、逆に初心者はテクニカル（技術）スキルが必要となる。ヒューマン（対人）スキルはすべての現場代理人に必要だ。図6-10にその概念を示す。図の経験年数は概略なので、会社ごとに設定し直してほしい。

図6-10●立場で異なる三つのスキルの概念図

	テクニカル (技術)スキル	ヒューマン (対人)スキル	コンセプチャル (概念化)スキル
熟練技術者（経験20年〜）			
中堅技術者（経験15〜19年）			
一人前の技術者（経験10〜14年）			
見習い技術者（経験4〜9年）			
初心者（経験1〜3年）			

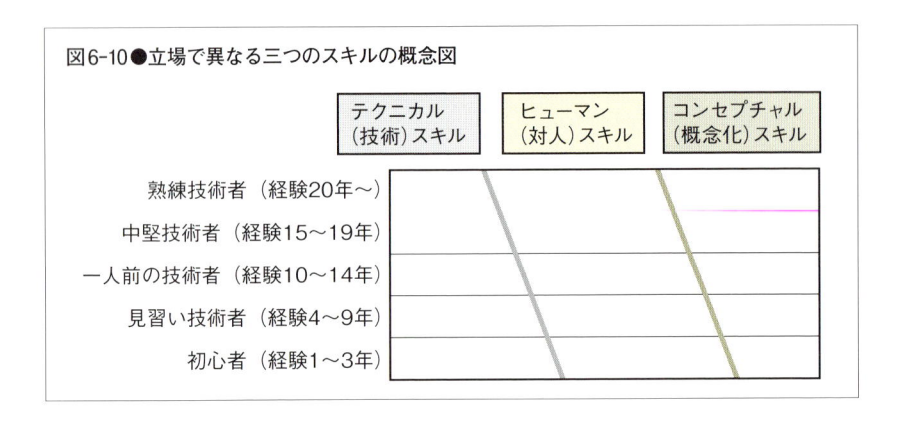

表6-17には、必要な能力の一覧を例示した。この表を基に、自社なりに到達目標を設定することで消極的学習者を積極的学習者に変革していきたい。

表6-17 ●現場代理人に必要な能力の一覧表

			必要な能力
テクニカル（技術）スキル	技術力	知識、見識、胆識	様々な情報を自分の頭で整理することができる
			2以上の部門（道路と河川など）で専門家としての知識を有している
			他人に認められる工事施工の成功体験を有している
		業務の質の向上	困難な工事や初めて経験する工事にも意欲的に取り組むことができる
			歩掛かり情報や施工情報の共有化を促進することができる
			新しい施工方法を積極的に取り入れることができる
	対応力	提案力	マーケティングの知識を有している
			顧客の要望や欲求を調査することができる
			顧客に合った提案書を作成することができる
		交渉力	双方の利益を考慮しながら交渉できる
			あきらめることなく粘り強く交渉することができる
			秘密の保持などを厳守しながら交渉ができる
	管理力	組織力	営業や設計など他部門の目標達成を支援することができる
			営業や設計など他部門との情報交換を積極的に行うことができる
			組織横断的プロジェクトでリーダーシップを発揮することができる
ヒューマン（対人）スキル	考え方	高い人望がある	将来ビジョンを表明することができる
			利他（思いやり）の精神で行動できる
			プラス思考で問題解決ができる
	人材育成	部下を育成できる	部下の成長を支援することができる
			部下と対話する時間をつくることができる
			部下の見本となる行動をとることができる
	協力会社や利害関係者との関係	適切な指示を出せる	適切な目標や実施計画を指示することができる
			相手に合わせた指示の出し方ができる
			相手が納得するまで説明をすることができる
		報告を引き出せる	相手に報連相の大切さを理解させることができる
			関係者からの情報を自ら取得することができる
			報告された内容について事実と意見を切り分けることができる
コンセプチャル（概念化）スキル	判断力	率先して他を導くことができる	会社の方針を正しく理解し、わかりやすく伝えることができる
			自らの行動で周囲を動機付けることができる
			リーダーシップを発揮して現場のムードを変えることができる
	表現力	意思表示ができる	抽象的な物事を図表にして表現することができる
			経営のカギとなる特性を監視し、常にその数値を把握している
			上司に相談すべきことと、自ら判断すべきこととの切り分けが適切である

技術営業の手順を逆にして勝ち癖をつける

　人は誰でも仕事をうまく行いたいものだ。また、組織としてはできるだけ早くそのスキルを身に付けてもらうことを期待する。しかし、うまくいかないことが続くと、その仕事が嫌になってしまう。興味を持ちながらやる気を保つために、そしてできるだけ早くスキルを身に付けるためには、勝ち癖をつけることが重要である。

　例えば技術営業を推進する場合、以下のような手順となる。
　①新規顧客の開拓。
　②ヒアリング。
　③企画書の提出。
　④プレゼンテーション。
　⑤交渉。
　⑥クロージング。
　⑦契約。

　普通は、上司に付いて①から⑦の順番でOJT（職場内訓練）と称して同行営業する。そして、ある日突然「今後は自分１人でやれ」と言われる。このうちの大半は、①から②へも進めない。失敗の体験を繰り返すのでそのうち嫌になって、技術営業をやめたくなる。そこには成果も成長もない。

　ここでお勧めしたいのは、最終段階である⑦から始め、順に⑥から⑤へと戻っていく手法だ。⑦の契約の手続きは比較的うまくいきやすい。⑥のクロージングは、上司の協力を得て実施すれば成功する確率は高い。そこで、⑦から始めて⑥から⑤へと、部下に１人で業務を行うチャンスを順に与え、上司はそれを見守る。うまくいく確率は①から始めるよりも断然高い。勝ち癖をつけることができるので、その際の喜びは格別である。結果、やる気とともにスキルも上げることができる。

　必要なスキルを身に付けるために効果的な研修を、**表6-18**に示した。さらに226ページの**表6-19**に、建築分野の技術系社員の育成プログラム例を

まとめた。これらを参考にして、自社の育成プログラムを作成してほしい。

表6-18●スキルの習得に必要な研修プログラム

種別	対象者	教育内容
新入社員研修	新入社員	社会人としての心構えやマナー、基礎的な建設技術の向上を目指す
階層別研修	年令別や経験年数別に実施する	主として技術力や対応力の向上を目指す
職能別研修	技術力や対応力（コミュニケーション）、人間力ごとにそれぞれ実施する	必要な能力について個別に研修を実施する
管理者研修、戦略人材育成研修	幹部候補者に対して実施する	組織管理力の向上を目指す
目的別研修	CS（顧客満足）やISO、TQMなど個別の課題に関与する人材に対して実施する	目的に応じた研修を実施し、必要なスキルの習得を目指す

第6章 人を育てる

表6-19 ●建築技術者の中期育成プログラムの例

		1年目	2〜5年目
資格取得		—	—
要求する能力		技術者や社会人として備えるべき基本を身に付ける	顧客要望（顧客から指示された内容）を正確に理解し、要望通りの建築物を造る能力
技術力	品質	基本	設計図書の読解力
	原価	基本	積算や実行予算書を理解
	工程	基本	ネットワーク工程表を理解
	安全	基本	労働安全衛生法を理解
	環境	基本	環境関連法規を理解
対応力	親密力（アプローチ）	相手と分け隔てなく接することができる力	➡
	調査力（リサーチ）	—	—
	提案力（プレゼンテーション）	—	—
	表現力（プレゼンテーション）	—	—
	交渉力（クロージング）		
	管理力	建設現場でPDCAサイクルを回す力	➡
考え方（人間力）	仁（思いやり）	自分のことよりも相手のことを考える力	
	義（正義）	法律と職業的倫理感を順守しようと考える力	
	礼（感謝）	あらゆる人や物に対して感謝の気持ちを感じることができる力	
	智（学習）	学び続けようと考える力	
	信（約束）	相手や自分との約束を守ろうと考える力	

6〜9年目	10年目〜	15年目程度〜
一級建築施工管理技士	一級建築士	—
顧客の欲求（顧客は指示していないが、真に求めていること）を基に技術提案し、真に求めている建築物を造る能力	建築物の施工を通して、顧客に満足を超える感動を提供し、リピート受注や紹介受注につなげることのできる能力	工事課長や工事部長として組織を管理し、経営者を補佐できる能力
設計力や作図力	企画開発力 顧客満足の創造力	新商品の開発力 技術開発力
原価低減の能力		
工程短縮力		
→		
→		
技術営業をするために必要な力	→	マーケティング能力
相手の話を正確に聞く能力。文書を読解する力	相手が積極的に話したくなるように聞く能力。文書とともに相手の心を読解する力	
技術提案を作成する能力。論理的に正しく、読みやすい文章を書く力	採用される技術提案を作成する能力。説得力のある文章を書く力	
提案を正しく解説する力	説得力のある表現で提案を解説する力	
顧客や協力会社、近隣住民との交渉を進める能力	顧客や協力会社、近隣住民との交渉を有利に進める能力	
→	継続的に改善し、いかなる外部環境でも目標を達成する能力	組織を管理する力。経営者を補佐する力。イノベーション（革新）する力

4 職場環境を改善しよう

　経営者から社員を育てたいという話をよく聞く。しかし、なかなか育たないということも同様に聞く。一方、何ともならなかった社員が、転職して他の会社に行ったとたん、活躍するようになったという事例がある。東北楽天イーグルスの元監督の野村克也氏は「野村再生工場」と言われるほど、力を発揮することのできない選手を活躍させることが得意だった。

　社員が生き生きと働いている会社の特徴は、「育てる」のではなく、「育つ環境」をつくっていることだ。現場代理人の重要な仕事も、建設現場で働く人たちが「育つ環境」をつくることである。

　本来、人は学びたい、成長したい、できるようになりたいという欲求がある。わからないことがわかるようになったり、できないことができるようになったりするとうれしいものだ。結果として人が喜んでくれるともっとうれしい。その欲求を満たすような環境をつくることで、人は成長し、やる気の向上にもつながり、結果として生産性の向上にもつながる。

　人が育つ環境には、外部要因と内部要因の二つが影響する。それぞれについて、以下に解説しよう。

　職場環境に影響を与える外部要因には、法的要求事項の順守や作業の効率化、5S（整理、整頓、清掃、清潔、しつけ）の徹底、秩序化の推進がある。

　法的要求事項とは、明るさ（照度）や騒音、振動、温度、湿度、空気の清浄度など法律（環境関連法規や労働安全衛生法規）で決められている事柄だ。それぞれに数値が定められていることが多い。人が健康に働く職場環境とするために最低限、満たさなければならないものである。

　法律には定められていないが、作業のしやすさや効率性を考えた職場環境

を整えることも大切だ。例えば鉄筋の圧接高さが、地上から1m前後であれば効率的に作業ができるが、それより低くても高くても作業効率が下がり、体が痛むなどの悪影響も生じる。腰を曲げないとできない作業や、毎日重いものを持つ作業も人間工学的には良くない。

作業通路や作業足場を確保し、移動をスムーズにすることも効率性を上げるためには重要である。さらに、休憩所やトイレの設置も欠かせない。作業員が車で休憩したり外で用を足したりすることは、顧客や近隣住民にとっても不快だし、なにより作業員本人にとって好ましいものではない。

「誰でもすぐに目で見てわかる」のが整頓

職場環境を整備するときの根幹は、5S（整理、整頓、清掃、清潔、しつけ）である。5Sの行き届いた現場は空気が違う。透明度が高く、澄み切っている。逆に5Sが不十分な現場は空気が淀んでいるように感じるものだ。5Sが行き届いていると作業効率が上がり、そのため人の成長度が早い。以下に、5Sのそれぞれの要素について述べる。

（1）整理

整理とは、「要るものと要らないものを分け、要らないものを捨てること」と定義する。具体的には、要品（1カ月程度以内に必要なもの）、不急品（1カ月程度以内には必要のないもの）、不要品（一切必要のないもの）に分け、要品は身の回りに置き、不急品はそれよりも遠い倉庫などに置き、不要品は捨てることである（次ページの図6-11）。

（2）整頓

整頓とは、整理が完了して要品、不急品、不要品の区分ができた後に実施することで、要品を「誰でもすぐに目で見てわかる」ようにすることをいう。「誰でも」「すぐに」「目で見てわかる」がポイントで、「特定の人が」「時間をかけて」「聞かないとわからない」ではだめである。「誰でも」「すぐに」「目で見てわかる」職場にすることで、経験の少ない人でも作業がスムーズにできるようになり、作業効率が向上する。

図6-11●要品、不急品、不要品の置き方

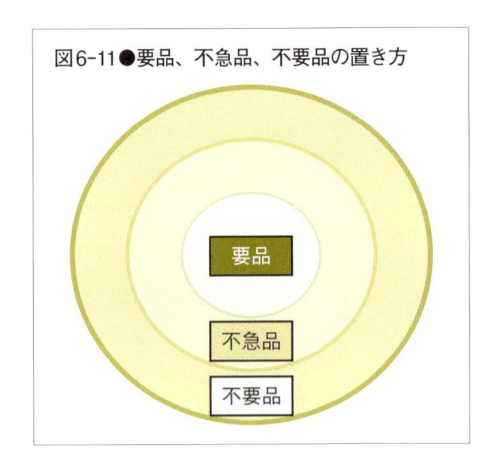

写真6-5●5Sで欠かせない整理

（写真：東亜建設工業）

　「誰でもわかる」ようにするためには、誰でもわかる言葉で表示する必要がある。専門用語が含まれていたり、その会社でしか通じない「方言」が用いられていたりすると、経験の浅い人や他社の人には理解できない。外国人が働く職場では、外国語で表記することも必要である。目の良くない人のために、あまり小さな文字で書かないことも大切だ。

　「すぐにわかる」ようにするためには、文字だけでなく、図案や絵によって表示するのがよい。例えばファイルの背表紙に**図6-12**のような斜めの線

を引くことで、ファイルを並べる順序が違っていたり、1冊抜けていたりするとすぐにわかる。

図6-12●ファイルの背表紙に引いた斜線

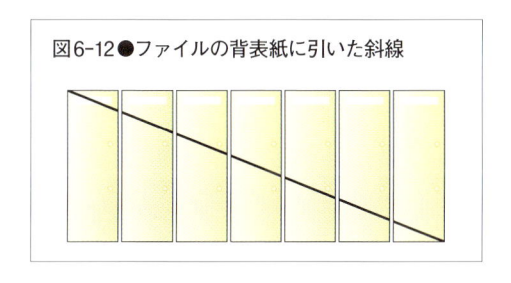

さらに、色分けによって表示するのもよい。玉掛けワイヤの点検済みの表示にカラーテープを巻くことがある。1月と5月、9月は緑色、2月と6月、10月は黄色、3月と7月、11月は赤色、4月と8月、12月は白色のテープを点検済みのワイヤに巻くことで、月次チェックがなされていることが一目でわかる。それぞれの色の頭文字をとって「み（緑）ぎ（黄）あ（赤）し（白）」と呼ぶことで、点検済みのワイヤかどうかがすぐにわかる仕組みだ。

「目で見てわかる」とは試験や検査、測定をしなくても目視でわかるようにすることである。例えば適正な分量がわかるように図6-13のように「MAX」や「MIN」の表示をすることが挙げられる。

図6-13●適正な分量の示し方

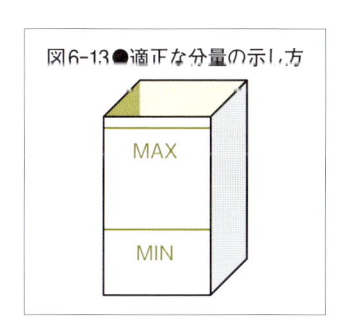

「ばか棒」と呼ばれるものも、その一つだ。丁張りから床付け面までの高さをメジャーで測らなくてもよいように設計長の「棒」を利用するのである。

さらに、ここでは「目で見てわかる」と書いたが、「耳で聞いてわかる」ようにすることも整頓だ。例えば、一斉清掃の開始時刻に音楽を鳴らすと時計を見なくてもわかるようになる。

写真6-6●整理の次に実施する整頓

（写真：サカキバラコーポレーション）

（3）清掃
　現場や職場をゴミなし、汚れなしの状態にすることである。
　ここで、ゴミや汚れのある現場をきれいにすることが一般に言う清掃だが、実際に汚れを落とすことと同時に、ゴミや汚れが生じない現場にすることも清掃と呼ぶ。例えば現場にゴミ箱を置くこと、汚れやすい個所にぞうきんやほうきなどの掃除道具を置くことが重要だ。現場に設置するトイレの近くに水道の蛇口を設置すると容易に汚れを落とすことができる。水道の設置費用は、現場がきれいになって効率が上がることで、十分に回収することができる。

写真6-7●清掃でゴミをなくす

(写真：東亜建設工業)

(4) 清潔

　整理や整頓、清掃がやり続けられている状態を清潔という。やり続けるためにはルールが必要で、そのルールを徹底して実践している状態を清潔な状態と呼ぶ。例えば以下のようなルールを設けている会社が多い。

- 机を30分以上離れるときは机の上に何も置かない（整理）
- かばんの中身は必ず毎日すべて出し、翌日必要なものだけを入れるようにする（整理）
- 誰でもすぐに目で見てわからないときには、表示を見直す（整頓）
- 洗車は天候にかかわらず毎日行う。雨だからやらないということはしない（清掃）
- 毎日午後5時から15分間の一斉清掃を行う（清掃）
- 現場清掃の範囲の分担を決める（清掃）

　ルールを決めることより大切なことは、それを徹底して実践することである。現場代理人が自ら決めたルールを守らないようでは、現場で働く人たちに徹底することなどできるはずがない。

写真6-8●清潔な状態にはルールが不可欠

（写真：東亜建設工業）

（5）しつけ

　しつけとは、現場のルールをそこで働く人たちに強制することである。強制し続けているとそれが習慣となり、習慣となればその後は自動的に行うことができるようになる。例えば現場で廃棄物を分別処理しない人に、諦めずに分別するように言い続けることで、嫌々であっても分別するようになる。続けているうちにそれが習慣になり、分別処理しないと気持ち悪くなるようになれば、後は自動的に行動するようになる。

　「心が変われば、行動が変わる
　　行動が変われば、習慣が変わる
　　習慣が変われば、人格が変わる
　　人格が変われば、運命が変わる」
と言われるように、習慣が変われば運命が変わるのである。

　ここまで述べてきたように、整理、整頓、清掃、清潔、しつけは一連の流れである。これらを順序よく実践することで職場環境が変わり、空気が変わり、その経過を通して人が育つのだ。

人は秩序のある環境で働くことで、成長することができる。5Sで述べた「清潔」も秩序化の一環である。現場で定めるべき秩序やルールには以下のようなことが挙げられる。

・勤務時間、休憩時間、休日
・作業手順
・身だしなみ（服装、頭髪、ひげなど）
・報連相（報告、連絡、相談）の方法

　ここで大切なのは、ルールの幅の広さである。例えば身だしなみのルールとして、「不快感を与えないこと」という幅の広い（自由度の大きい）ルールを設定することもあれば、「頭髪の長さ、ひげの形、服装の種類、シャツの色」などを詳細に決めて幅の狭い（自由度の小さい）ルールを設定する場合もある。

　ルールの幅があまり広いと、自由度が大きすぎて無秩序に近くなる恐れがある。一方、あまり幅が狭いと社員が物事を考えなくなるので、自主性や創造性に乏しくなり、いわゆるマニュアル人間になってしまう恐れがある。

　具体的な対応策としては、秩序の幅をまずは狭く設定しておき、社員の成長度に応じて徐々に広げていくことをお勧めする。

ライバルも必要
　内部要因とは自らの内面に影響するものであり、集団との関係、周囲からの働きかけ、自己実現の達成、社会貢献の実施から構成される。

　人は集団の中で育つ。しかし、誰が周りにいてもよいというのではない。まずは信頼できるライバルの存在が欠かせない。野球の王貞治さんと長嶋茂雄さん、サッカーの三浦知良さんと中山雅史さん、マラソンの瀬古利彦さんと中山竹通さん、最近ではフィギュアスケートの浅田真央さんとキムヨナさんがライバルと出会ってお互いが成長した事例だ。人は1人では力強く生き

てはいけない。信頼できるライバルがいてこそ、切磋琢磨して成長するのである。

　同じ会社の中にライバルがいれば、自らの成長にとって幸せなことだ。仕事で常に刺激し合いながらお互いを高めることができる。同じ会社の中にライバルがいなければ、他に求めよう。社外研修に出かけたり、講演会や勉強会に出かけたりするのもいいだろう。そして、積極的に名刺交換して刺激し合うといい。

　組織としてすべきことは、ライバルができるような年齢構成に配慮して採用すること。同じ会社にライバルとなり得る人がいなければ、インターンなどに参加させて外部にライバルを求めることができるような状況をつくることが重要だ。

　尊敬できる上司がいる職場環境では、目指すべき状態が明確なので成長が早い。学ぶとはまねるとも言うように、尊敬する上司の行動や言動、態度をまねることが成長につながる。

　では、尊敬できる上司が近くにいなければどうするか。直接の教えは受けないが、ひそかにある人を師として尊敬し、手本として学ぶことがよい。これを私淑するという（第1章の3を参照）。

現場代理人がチャレンジできる環境を

　子供が外で遊ぶとすぐにけがをする。冒険ごっこと称して見知らぬ土地に出かけて行って迷子になったりもする。つまり、チャレンジ精神が旺盛なのだ。仮にけがをしたり失敗したりしても、次の日にはケロリと忘れ、再びチャレンジしている。しかし、大人になるにつれて冒険をせず、あまりチャレンジしなくなる。さらに、一度の失敗をいつまでもくよくよしたりするものだ。

　この違いは何かと言うと「安全地帯」の存在だ。子供にとっては、父親や

母親を中心とする家庭という「安全地帯」がある。いざとなれば逃げ込めばよいと思うから、無謀なチャレンジもできる。しかし、大人になると家庭は絶対的な安全地帯にはなり得ない。むしろ危険地帯だったりする。そのために徐々にチャレンジをしなくなるのである。

現場代理人として現場を運営していると、新たな方法にチャレンジしようかと迷うことがある。新工法の採用や新規の外注会社への発注、現場におけるイベントの開催などである。そんなときにチャレンジするきっかけとなるのが、本社や支店、上司といった「安全地帯」の存在だ。いざとなったら本社や支店、上司に逃げ込めると思えば、思い切ったチャレンジをすることができる。

失敗しても逃げ込む場所があるという安心感が重要だ。相談に乗ってくれる同僚や手助けしてくれる先輩、悩みを聞いてくれる上司の存在、もしくは心優しい女子社員の存在こそがチャレンジのための必須要件である。「安全地帯」の存在下で、チャレンジし続けることで人は成長するのである。

写真6-9●女性社員も「安全地帯」

(写真：花田工務店)

理想の現場代理人像を示す

　山本五十六の有名な言葉に「やってみせ、言って聞かせて、させてみて、ほめてやらねば、人は動かじ」という言葉がある。人が育つ環境とするには、まずはやってみせることが欠かせない。

> **怒るよりやってみせる**
>
> 　ある学校での話を紹介しよう。
> 　「ある高校で夏休みに水泳大会が開かれた。種目にクラス対抗リレーがあり、各クラスから選ばれた代表が出場した。その中に小児マヒで足が不自由なＡ子さんの姿があった。からかい半分で選ばれたのである。だが、Ａ子さんはクラス代表の役を降りず、水泳大会に出場し、懸命に自分のコースを泳いだ。その泳ぎ方がぎこちないと、プールサイドの生徒たちは笑い、野次った。その時、背広姿のままプールに飛び込んだ人がいた。校長先生である。校長先生は懸命に泳ぐＡ子さんのそばで、『頑張れ』『頑張れ』と声援を送った。その姿にいつしか、生徒たちも粛然となった」（藤尾秀昭著、「小さな人生論４」58ページ、致知出版社）。
> 　この校長先生は、Ａ子さんを助けたのではない。Ａ子さんを野次る生徒たちに、教育者として身を持って人の道を教えたのだ。このとき「野次ってはいけない」と生徒たちを怒ったら、野次はやんだかもしれないが、生徒たちは陰でまた野次るだろう。しかし、このように背中で示すことで、この生徒たちは障害のある人を一生野次ったりしないだろう。これこそ、やってみせるということだ。

　「やってみせる」の次に、「言って聞かせよ」と山本五十六は言っている。では、何を言って聞かせればよいのだろうか。

　人が育つ会社と人が育たない会社との違いは、目指すべき人材像を会社が明確に示しているか否かである。したがって、目指すべき人材像を「言って聞かせる」必要がある。

　イタリア人は感情表現が豊かだが、日本人はあまり喜怒哀楽を表現しない。では、両者の脳の構造が根本的に異なるのかといえばどうもそうではないようだ。イタリア人は生まれたときから豊かな感情表現がよしとされて育ってきている。喜怒哀楽を大げさに表現することが良いという価値観なのである。

しかし、日本人はどちらかといえば、あまり直接的に感情表現することは良くないとする価値観がある。ごちゃごちゃ言うのは男らしくないとか、女性は女らしくおしとやかなのが良いと言われて育ってきた。そのことが脳にインプットされているのだ。その証拠に、日本人であってもイタリア育ちの人は陽気で楽しい人が多い。

これと同様に、社長や上司が理想の現場代理人像を明確に示して伝え、それを体現していると、部下や社員はそのように育つものだ。社長や上司が「資格は重要だ。資格を取らないと技術者ではない」と言い続け、しかも社長や上司自身が資格取得に熱心な会社の社員は放っておいても勉強し、資格を取得しようとする。しかし、「資格などはしょせん紙切れだ。大事なのは技術力だ」と言い続ける社長や上司がいる会社は、社員は資格を取得することに価値を見いだすことができず、努力もしないものだ。

社長や上司が自ら進んで本を読み、「技術者たるもの月に1冊以上の本を読むものだ」と言い続けていれば、本を読んで学び続ける社員が育つ。逆に社長や上司が学ばない会社の社員は、学ぼうともしない。まさに社員を見れば上司がわかるのである。

知識のない者に職務を拡大しない

一定以上のやる気とスキルがある人に対しては、職務の拡大と権限の委譲をすることで成長を促すことができる。

職務の拡大とは、手がけさせる業務の幅を広げることだ。例えば、品質管理だけをさせていた主任に対して、原価管理の業務を担わせてみる。すると、その主任は業務の幅が広がって、それまで机上の「知識」でしかなかった原価管理について、実体験を積むことで「見識」に高めることができる（第1章の3を参照）。

このときに注意すべきことは、「知識」のない者に職務の拡大をしてはいけないということである。様々な情報である「雑識」を、少なくとも自ら整

理してまとめることで「知識」となっている者にしか、職務の拡大をしてはいけない。

　権限の委譲とは、業務内容は同じであっても決定権を与えることだ。例えば、コンクリートの打設前に検査を行い、打設を許可する決定権を現場代理人から主任に委譲する。すると、その主任は日々決断する機会が増える。結果、その人の有する能力を、「見識」から「胆識」に向上させることができる（第1章の3を参照）。三次元である能力を高めることができるわけだ。

　このときに注意すべきは、権限を委譲しても責任は委譲しないことだ。コンクリートを打設することを許可する権限を委譲したとしても、コンクリートに欠陥が生じたとしたら、その問題を解決する責任は上司にある。もしも責任まで委譲するとすれば、それは職責の変更であり、より上席の上司が決定することである。心して権限委譲しなければならない。

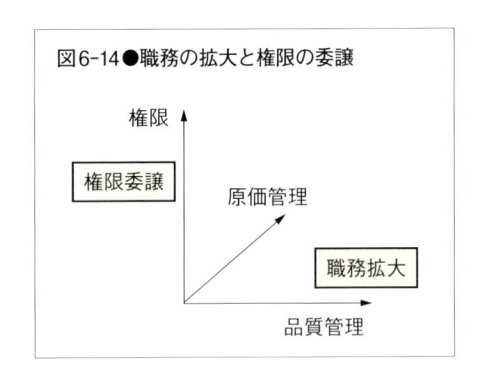

図6-14●職務の拡大と権限の委譲

　職務の拡大や権限の委譲によって、うまくいくこともいかないこともあるだろう。うまくいったときにはその成果を、うまくいかなかったときにはその経過を承認することが成長の原動力となる。世の中には失敗はなく、成功と成長しかないといわれている。失敗したときにはその失敗を糧として成長すればよいのだ。失敗を糧として成長するためには周囲、特に上司からの承認が欠かせない。承認されることで次のチャレンジの活力になるからだ。

社会貢献で社風を変える

　人は常に成長したいと願っている。昨日の自分よりもたとえ1mmでも成長したいものだ。

　ある小学校で立ち高跳びの練習をしていた。壁に向かって高く跳び、最高点で壁にタッチし、そこに白線を引いておく。翌日は、前日に引いた白線を超えるようにジャンプする。そうすると、昨日の自分の白線を超えることに一生懸命になり、多くの子供が昨日の白線を超えるという。

　ある日、その日に子供たちが跳んで引いた白線を教師が夜のうちに消して、5cm上に新たな線を引いた。もちろん子供たちには内緒だ。翌朝登校した子供たちは、昨日到達した白線を超えようとする。すると、実際には5cm上に線を引いているにもかかわらず、多くの子供たちがその白線を超えて高く跳ぶというのである。人の持つ成長意欲の高さを示す話だ。

　これは実社会でも同様のことがいえる。より高いレベルの仕事を上司が部下に日々要求し続けることで、部下はそれを乗り越えようと努力し、その結果、成長する。日々の目標は小さな目標がよいといわれている。例えば5時間かかっていた図面の作成作業を4時間で仕上げる、3時間かかっていた1フロアの墨出しを2時間半でやれることを目指す、10人必要な計画だった掘削工事を手順変更することで8人で施工することを目指す、などである。

　これに対して長期的な目標は大きい方がよい。近くの小さな山を登頂してもあまり達成感はないが、日本一の富士山を登り切ると大きな達成感を得ることができる。工事金額100億円の現場代理人になる、社長表彰を獲得する、日本一のダム工事を担当する、などである。

　目標は、会社における目標と同時に、個人と家庭の目標を設定するのがよい。会社、個人、家庭の頭文字をとって3Kとも呼ぶ。人はこれら三つの目標を達成してこそ、真の幸福感を得ることができる。会社の目標だけでは不十分だ。これらの3種類の目標を1年後、3年後、10年後、60歳ごろと長期

的に設定する。

　244ページの**表6-20**に例を記載した。このように書き上げることで人生が用紙1枚で書き切れてしまうことに驚くことだろう。夢を達成するためにはゆっくりしておれないとも感じるだろう。全240項目を、ぜひ記載してほしい。そして全社員が書くようにしてほしい。必ずや人生が変わるだろうし、会社全体の雰囲気も変わることだろう。

> ### ボランティア活動を通して人材も育成
> 　健康食品で有名な（株）やずや元社長の矢頭美世子さんにインタビューしたとき、矢頭さんは次のように話した。「ボランティアというのはお金だけではないのです。社員さんにボランティア活動をさせないとだめです。ボランティア活動をすることで、社員に気づく力が身に付き、大きく成長するのです」。やずやは、地震があると社員が支援に駆けつける。バリ島の大津波でも支援に向かった。そのことで人材が育ち、業績が大きく向上したという。
> 　ある美容室では、老人ホームに出かけてボランティアで散髪をしている。お年寄りの喜ぶ姿を見て、社員は涙を流すそうだ。高知県のネッツトヨタ南国では、視覚障害者と四国八十八カ所の霊場をめぐるお遍路の介添えボランティアを行っている。
> 　イエローハットの鍵山秀三郎さんは自社のトイレ掃除を行うことで環境整備を行った。そして、自社にとどまらずに荒れた学校や歌舞伎町などの繁華街の清掃を行っている。鍵山さんは「トイレを磨くのではありません。トイレ掃除を通して自分の心を磨くのです」と言う。

　人の脳にはミラーニューロンと呼ばれる神経細胞がある。これは自分の行動と他人の行動をあたかも鏡に映したように反映して活動するというものである。例えば相手が悲しそうな表情をしているのを見ると、自らの経験と照らして相手の気持ちを理解することができる。相手がうれしそうな表情や態度をしているのを見て、自分の経験と照らして我がことのように喜ぶことができる。ただし、自分自身が悲しんだり喜んだりした経験が少ないと、そのような感情が起きにくい。

　このように、人は相手が喜ぶ姿を見て自分のことのように喜ぶことができ

る脳の機能を持っている。しかし、自分自身にそのような経験がなかったり、人を喜ばすような行動を起こすきっかけがなかったり、それを肯定する雰囲気がなかったりするとなかなか行動に移せないものだ。だからこそ、会社が社会貢献活動のきっかけをつくり、社長自らが活動してその雰囲気や人の役に立つことの重要性を持つような価値観を伝える必要がある。そんな職場環境をつくり上げることで社員の感性が育つのである。

表6-20 ●現場代理人の長期目標設定シートの記入例

(現在の年齢) 自分 35歳　配偶者 32歳　子供 4歳　子供 1歳　父 74歳

領域	必ず埋めること	1年後 (自分36歳、配偶者33歳、子供5歳)		3年後 (自分38歳、配偶者35歳、子供7歳)	
		ありたい自分の姿	行動計画	ありたい自分の姿	行動計画
個人	1	2冊の本の出版	日経、ハタ教育出版	弟子を20人	人格を磨く
	2	体重70kg	断酒	1年に本を2冊	雑誌投稿を続ける
	3	ブログの読者を3000人に	毎週しっかり書く	ブログの読者を5000人に	メルマガの広告を年に2回
	4	一流の現場代理人	毎月1回学ぶ	掃除の会を広げる	12回の街頭清掃
	5	人格者になる	信・義・仁	座禅の大家	座禅を3回
	6	掃除の鉄人になる	12回の街頭清掃	体重69kg	断酒、週に1回のスポーツ
	7	座禅に参加	1回計画する	肩凝りをなくす	治療を週に1回
	8	一流になる	席を譲る	人格者になる	信・義・仁
	9	本を52冊読む	手帳に書く	一流になる	席を譲る、跡を汚さず
	10	ブログを続ける	日曜日の朝に書く	本を52冊読む	手帳に書く
家庭	1	住まいを住みやすくする	毎週片付ける	長男の男気をあげる	一緒に遊ぶ
	2	妻と旅行を4回	1月、3月、5月、8月	年に300万円返済する	お金を使わない
	3	長男と旅行を2回	5月、8月	土地の有効活用	不動産コンサルタントと付き合う
	4	年に200万円返済する	酒を飲まずに付き合う	墓参りを2カ月に1回	奇数月
	5	墓参りを2カ月に1回	奇数月	映画評論	感想を書く
	6	絵はがきを出す	毎週2人で書く	家の掃除を週に1回	日曜日の朝
	7	映画を月に1回見る	第四日曜日	車の掃除を月に1回	第一日曜日
	8	家の掃除を週に1回	午前中に実施	長男に手紙を年に4回	3月、6月、9月、12月
	9	車の掃除を月に1回	第一日曜日	妻と年に6回の旅行	1月、3月、5月、7月、9月、11月

6-4 職場環境を改善しよう

氏　名　○○　○○　　作成年月日　　2009年　3月25日

母　71歳

10年後（自分45歳、配偶者42歳、子供14歳）		25年後（自分60歳、配偶者57歳、子供29歳）	
ありたい自分の姿	行動計画	ありたい自分の姿	行動計画
弟子を40人	コンサルタントの補助役	弟子を100人	正月に招く
本を年に2冊書く	雑誌投稿、書き下ろし	目、耳、歯　健康	運動を続ける
目、耳、歯　健康	毎日の体操	人間学を極める	論語を音読する
ブログの読者を1万人に	週に2回の投稿	著名人を育てる	手紙を書く
掃除の大家	街頭清掃、学校清掃	体型を70kgに維持	毎日運動する
体重70kg	断酒、運動	人間学の本を書く	毎日1枚書く
座禅室を作る	週に1回の座禅	論語の本を書く	毎日1枚書く
お墓に月1回	第四週	掃除の大家	名古屋の学校を掃除
本を60冊読む	週に2冊	体重70kg	節制を続ける
超一流になる	脚下照顧	本を80冊読む	3日に1冊
アパート経営	不動産コンサルタントと知り合う	旅行を年に12回	世界各国に行く
長男が近くに住む	マンション	1年の半分を海外で暮らす	ドイツ、フライブルク
夫婦絵手紙の大家	絵手紙を毎週書く	ニューカレドニアに住む	毎日泳ぐ
孫を育くる	孫1人	夫婦の健康	夫婦で運動する
ローン完済	毎年300万円の返済	いつも夫婦一緒	毎日褒める
長男進学	希望の学校	孫3人	毎日会う
旅行を年に12回	50カ国	海外の養子を10人	カンボジア支援
夫婦の健康	夫婦で運動をする	心豊かな夫婦	お互いを許す
母と年に1回の旅行	親孝行旅行	絵手紙の世界大会	毎週絵手紙

245

領域	必ず埋めること	1年後 （自分36歳、配偶者33歳、子供5歳）		3年後 （自分38歳、配偶者35歳、子供7歳）	
		ありたい自分の姿	行動計画	ありたい自分の姿	行動計画
家庭	10	長男に手紙を年に4回	3月、6月、9月、12月	長男と旅行を年に2回	3月、7月
会社（社会）	1	月4000万円の契約を取る	毎日50件の訪問	月5件の紹介	OB客の訪問を20件
	2	積極的に行動する	異業種交流会を月に2回	二級建築士の資格取得	毎日3時間の勉強
	3	現場の勉強	週2回、現場を見る	税務に強くなる	月1冊税務の本を読む
	4	課長職になる	毎日ビジネス書を読む	部下の育成	毎日マニュアルを読む
	5	お客様の信頼を得る	はがきを毎日10枚	先行管理を行なう	毎月、半年後を計画する
	6	チームワークを図る	週1回のミーティング	異業種に学ぶ	月2回、交流会に出る
	7	即行動する	指示後、10分以内に行動	マーケティングに強くなる	毎日30分の演習で勉強
	8	整理整頓する	30分以上机を離れるときは整理	売り上げ回収の管理	入金予定を毎日確認
	9	ビジネス雑誌の講読	毎月5冊	明るい社内づくり	名前を呼んであいさつをする
	10	パソコン管理	スキャンを購入	商品開発を手掛ける	インターネット検索を週1回

10年後 （自分45歳、配偶者42歳、子供14歳）		25年後 （自分60歳、配偶者57歳、子供29歳）	
ありたい自分の姿	行動計画	ありたい自分の姿	行動計画
心豊かな夫婦	毎日1回褒める	アパート2軒	不動産コンサルタント
一級建築士の資格取得	1年間夜間学校に通う	非常勤になる	月2回の出社
取締役になる	中小企業診断士を受験	講演活動をする	月5回、全国にて
幹部の育成	毎月1回、勉強会を開く	人脈づくり	年賀状1000枚
業界No.1になる	毎日数字の確認	海外に支店開設	アメリカに年4回の視察
決断力を身に付ける	週1回、3Kの確認	業界雑誌の出版	月1回の発行
新商品の開発	同業種訪問を月に1社	異業種の交流	月1回、ゲストで参加
海外研修旅行	年2回、ヨーロッパとアメリカ	有能な秘書を雇う	知人に声をかける
お客様に感謝	現場周辺の清掃を週に1回	園遊会に呼ばれる	自己啓発を毎日5時間
スピードアップ	毎朝、時間単位の計画をする	ボランティア活動をする	老人ホームを週1回訪問
会社の売り上げ目標達成	経営方針書を毎日黙読	良き相談相手となる	毎朝30分、人生を振り返る

5 職人を鍛える

　現場では、協力会社の職長と職人も現場代理人の重要なパートナーである。職長とは、該当工種の職人を取りまとめる役目の人だ。現場で働く職長や職人が能力を発揮し、良い仕事をするように働きかけることは現場代理人の職務である。

　以下では、どのような職長や職人が成果を上げるのか、そしてどのようにして職長や職人が育つ環境をつくればよいのかを考えてみよう。

現場代理人が頼りにする職長と職人の条件
　現場代理人が協力会社に対して職長と職人を指名することがある。その職長や職人と「ぜひ仕事をしたい」と思わせる人物だ。ではどのような人が、職長や職人としてふさわしいのだろうか。

（1）先取りして提案する
　現場で起こりそうな問題を先取りして提案する職長や職人は、現場代理人にとってありがたい存在だ。例えば、
　「監督さん、ここには後工程のためにアンカーを打っておいた方がいいですよ」。
　「天井の作業をするには足場が必要なので、その部分は足場を解体しない方がいいですよ」。
　「現場の職人は暑さでばてているので、ここらで一度、懇親会を開催しませんか」。
　「枠組み足場で考えておられるようですが、移動式足場の方が安価で使いやすいですよ」。

　現場を詳しく知っている職長や職人ならではの先取り提案ほど、現場代理人にはありがたいものだ。

（2）現場作業をパターン化して考えることができる

現場作業をパターン化して考えることのできる職長や職人は、作業フローが頭に入っているので仕事に漏れがなく、前述したようにこの後どのようなことが起こるかを予想することができる。

これは、将棋のプロである棋士の思考に似ている。棋士は次の一手をいくつか考え、その一手を打つとその後どうなるのかをパターン化してシミュレーションする。結果、最善の一手を打つのである。パターン化していないと瞬時に次の一手を考えることはできない。たとえ相手が思いもよらない手を打ってきたとしても、パターン化によってさらにシミュレーションして、次なる一手を打つことができるのだ。

将棋と同様に、建設工事現場では様々な変化が発生する。自然を相手にしているので思いもよらないことが起きるものだ。まさに現場は生きている。その都度、思考停止になって現場が止まってしまうと工期を守ることができない。だからこそ、棋士と同様に現場代理人も、職長や職人とともに作業をパターン化して考えることが必要である。

工事の前に1日かけてシミュレーション会議

とび工事を手がけるT社では、鉄骨組み立て工事の前に、当日の現場を担当する職長や職人の全員が一堂に会し、丸一日かけてシミュレーション会議を行う。クレーンの位置や鉄骨の仮置き場の指定はもちろん、各職人の立ち位置や動作、作業時間まで分析するのだ。

例えば、「この工程では、Aさんは介錯ロープを持って移動してください」、「Bさんは次の鉄骨吊り上げの段取りのために、鉄骨の仮置き場に移動してください」といった具合だ。

T社長は次のように言う。「職人を現場に行かさずに事務所で1日、会議をさせることは、ムダではないかと言う人がいるが、私はそうは思わない。この1日の打ち合わせのおかげで現場の作業がスムーズに進み、品質や原価、工程、安全のすべての面でメリットがある」。

(3) 顧客や現場代理人の望むことを把握している

同種の工事であっても、顧客によって要求事項は異なるものだ。さらに、現場代理人によって要求事項が異なることもある。現場ごとの個別事情が当然のように存在する。

それらの要求事項を職長や職人が把握し、要求された事項に対応するような仕事ができるようでなければならない。

(4) 5Sを推進している

現場の基本は5S（整理、整頓、清掃、清潔、しつけ）である。いつも5Sが整備された状態に現場を保つことが職長や職人の業務の基本である。

ある職人が次のように言った。

「道具や資材の整理、整頓、現場の掃除ができないような職人はダメだ。整理や整頓、掃除は仕事の一部だ。整理や整頓、掃除ができないということは、仕事ができないということなんだ」。

(5) お互いにさん付けで呼ぶ

現場代理人と職長や職人との関係は対等である。それぞれの職務が異なるだけだ。にもかかわらず、現場代理人や職長が職人を下にみて、乱暴な言葉遣いをすることを見かける。または、職長や職人の方が年齢が上で、仕事をよく知っていたりすると、逆に職長や職人が現場代理人を下にみて、やはり乱暴な態度を取ったりする。

これらは現場のスムーズな運営に際しては、マイナスだ。対等な立場でコミュニケーション良く仕事をするためにも、3者がお互いに認め合い、「さん」付けで呼ぶようにしたい。

職長に必要な五つの能力

職長には、職人をまとめ、職人の心をつかみ、チームワークを構築する能力が求められる。そのためには、以下の五つのポイントを押さえておく必要がある。

（1）職人をまとめる力がある

　職人の中には、物わかりの悪い人もいることだろう。それでも、何度も同じことを言い続けなければならない。「三つのい」といわれる「くどい、細かい、しつこい」指示の仕方が職人の良い習慣になり、結果として良い仕事ができるようになる。

（2）チームワークを構築する

　職長は数人の職人とのチームで仕事をすることが多い。効率的で安全な作業を進めるためには、チームワークが欠かせない。「一人作業」といわれる一人での作業は、ミスや事故を起こす確率が高いので、決してしない、させないことが重要だ。

（3）歩掛かりを把握する

　職長は日々歩掛かりを把握して仕事をしなければならない。この仕事の予定は何人で、材料の予定ロス率は何％なのかを知らなければならない。そのうえで、作業に取りかかり、日々チェックして進ちょくに遅れがあれば、作業手順の見直しや職人に発破をかけて効率を上げるなどの改善策を講じなければいけない。

（4）やると決めたら何が何でもやり切る

　歩掛かりを把握して仕事を始めても、思わぬことが発生して作業が遅れることもある。そんなときでも、ここまでやると決めたら何が何でもやり切る気概が必要だ。午後5時になったから本日の予定終了、というのでは現場運営はできない。時には鬼となり、仏になって、職人を動機付けし、決めた仕事をやり切らなければならない。

（5）男気が大切

　近年は建設現場で女性が働くことも多くなってきたが、基本的には男社会である。その場合、職長には男気が必要だ。「損か得か」ではなく、「善か悪か」。そして「男らしいか、そうでないか」、「かっこいいか、かっこ悪いか」を判断基準にする働き方である。

少々古い考え方ではあるが、建設業は歴史のある仕事だ。その歴史を踏まえて男気を持つことは、良き歴史を守ることにもつながる。

職人もOJTとOFF-JTで
　現場代理人は、このような職長や職人をいかにして育てればいいのだろうか。OJT（職場内訓練）とOFF-JT（職場外訓練）について、それぞれ考えてみよう。

（1）OJT（職場内訓練）は人員配置で
　成果を上げる職長や職人とともに仕事をするよう、人員を配置する。成果を上げる人の仕事を見せて、育てるのである。仕事に厳しい人に付けると厳しい人が育つものだし、その逆もある。配置を考える場は、その人の能力をよく考えないといけない。

　仕事を覚えさせるには、やってみせることが基本だ。時にはしかることもあるだろう。重要なことは、しかった後に一緒に食事をするなどフォローすることだ。

（2）OFF-JT（職場外訓練）で多能工に
　基本的には、職人は机に座っての教育に慣れていないが、きちんとしたOFF-JTも必要である。特に昨今は多能工が求められており、様々な技能を教育によって習得することが重要である。

　OFF-JTの機会には次のようなものがある。
　・メーカーによる材料や工具の勉強会
　・多能工化のための技能研修
　・現場代理人との勉強会

　工事が始まる前に、担当する職長や職人が一緒になって机を囲み、作業の机上シミュレーションをすることもOFF-JTだ。職長や職人は現場で働かなくてはいけないと考える向きもあるが、工事の机上シミュレーションは効

率的な作業と人材育成のためにも欠かせない。

現場代理人には職人の生活を守る義務も

　現場代理人は、利益を出すことと同等以上に職人の生活を守る義務がある。職人の生活を守るためにはどうすればよいだろうか。

　職人がある程度の生活ができるための報酬は最低限、必要である。コストが厳しいからといって、労務費を一方的に削減することは慎まなければならない。どうしても削減するのであれば、単価ではなく工数を減らすべきだ。さらに、協力会社には職人の募集や育成の経費などがかかるので、それらの必要な経費を協力会社に支払わなければならない。

　職人にとって最も良いのは、コンスタントに仕事があることだ。忙しいときと暇なときの差があまりに大きいと、繁忙期の労務単価が高くなる。現場代理人は極力、山や谷のないように発注することを考えるべきである。

　職人が生き生きと働く環境をつくれなければ建設業の将来はないし、極論すると日本の将来もない。職人が働きやすい職場をつくることは現場代理人の務めである。配慮していきたい。

第7章
現場代理人を採用する

1 新卒は学校推薦から一般公募に
2 無計画な中途採用が経営を圧迫

1 新卒は学校推薦から一般公募に

　建設業界は、人が唯一の資源である。いかにして良い人材を採用し、育成するかで業績が決まる。しかし、実際には自社に合った人材をなかなか採用することができず、苦慮している企業が多い。人材採用を通して企業の業績を上げる方法を考えてみよう。

　採用方法には、大きく分けて新卒採用と中途採用の2種類がある。さらに雇用形態によって、中途採用は8種類に分けられる。それぞれに長所や短所があるので、それを勘案して採用戦略を立案する必要がある。**表7-1**に、雇用形態ごとの適否をまとめた。現場代理人は技術専門職に当たる。

表7-1●雇用形態と業務の適否

		経営層、管理者	技術専門職	定型、補助業務	内容
新卒採用	正社員	◎	◎	◎	・将来の幹部候補、定着率が高い ・夢がある、成長意欲が高い
中途採用	中途採用の正社員	○	◎	◎	・即戦力として期待できる
	中途採用の契約社員（有期契約）		◎	◎	・給与テーブルが別途必要
	役員待遇	○			・社長との相性が重要
	シニア人材		◎	○	・業務を限定したスペシャリスト
	パート、アルバイト		○	◎	・業務を限定
	派遣社員		○	○	・給与はパートやアルバイトに比べて高額になる
	外国人研修生			◎	・研修生1年、実習生1年 ・中国人やベトナム人が多い
	外国人専門職		◎		・情報技術（IT）や建設技術にたけている人材

◎：適している　　○：やや適している

> ### 新卒採用の社員が1年で辞表
> 4月に大卒の新入社員を採用。有名大学卒業なので、金の卵とばかりに大切に育てようと考え、新入社員教育をしっかり行い、現場に配属した。褒めているうちはよかったが、ミスをして少ししかると、しょげてすぐに落ち込んでしまう。
> しばらくたつと、「始業前の掃除は残業手当がつかないのですか」とか「その仕事は教えてもらっていないので、できません」などと言い出した。
> 1年が経過したころ、辞表を提出してきた。どうするのかと聞くと、公務員試験に合格したとのこと。その後、職場には、もう新卒採用はやめようという空気が流れるようになった。

> ### 中途採用でほかの社員のやる気が低下
> 人材紹介会社から紹介されて、大手建設会社にいたという経歴を生かして幹部として働いてもらいたいと思い、採用した。その後、この会社の駄目なところばかりを指摘し出す。そのうち、「大手ではこんな仕事の仕方はしませんよ」と毎日のように問題点を口にするようになってきた。言うことはもっともなことなのだが、中小規模の建設会社では行えないことばかりを言う。
> しかし、指摘するだけで改善しようとしないので、ほかの社員のやる気が落ちてきた。ついには、「あの人の下では働けません。辞めさせてほしい」と話す社員が出始める。結果、中途採用した社員に辞めてもらった。会社には、高額の給与による負担だけが残ってしまった。

典型的な失敗事例を挙げた。皆さんも思い当たる節があるだろう。このような失敗をしないためにも、しっかりと戦略を立てて、人材を採用したいものだ。

即戦力を求める傾向に

中途採用と新卒採用では、方法や手順、採用にかける期間など異なる点は少なくない。中途採用について述べる前に、まずは一般的な新卒採用の方法や手順を解説する。

新卒採用の方法には2種類ある。一つは、建設会社が大学などの学科や研究室と提携して新卒予定者の技術総合職を推薦してくれるよう依頼し、その

推薦枠に学生が応募する推薦方式。もう一つは、一般から広く応募を受け付ける一般公募方式だ。

　企業にとって、推薦方式は専門分野の一定の知識や技術の水準に達した学生を安定して確保できる。学生にとっても、就職活動に過大なエネルギーを割く必要がなく、就職後も自分の研究を続けられるというメリットがあったので、双方にとって効率の良いシステムであると考えられてきた。

　しかし、バブル崩壊後は企業内教育を行う余裕のなくなった企業が増え、即戦力を求める傾向が強まり、当たり外れのある学校推薦をやめ、一般公募で技術総合職を採用するケースが増えてきた。推薦方式と一般公募方式について、それぞれもう少し詳しく解説しよう。

　推薦方式は、学校推薦と教授推薦とに分けられる。学校推薦とは学部や学科などに対して企業が学生の推薦を依頼するものであり、教授推薦とは特定の研究室に企業が学生の推薦を依頼するものだ。学校推薦や教授推薦は、一般公募に比べて安定した人材を得られるということで、特に理系の学生の採用では広く行われてきた。

　ただし、教授推薦はあくまで教授個人の縁故関係が中心になるので、当該教授の人間関係の不信やトラブル、教授の高齢化に伴う企業への影響力の低下といった問題で、企業が推薦を断るケースも近年では増加傾向にある。

　学校推薦や教授推薦では、内定を出した後に安易に辞退できないので、計画的に採用しやすいとはいえ、逆にそれを嫌って学生が一般公募方式で就職活動することも増えてきた。以下は、推薦方式で新卒の学生を採用する際のポイントだ。

（1）学校や教授とのパイプを強める

　研究費用の支援や情報提供など、学校への支援は欠かせない。

（2）継続して採用する

可能ならば毎年、それが不可能でも隔年でコンスタントに採用するのがよい。学校側としては継続して採用を確保してくれる会社に優先して優秀な学生を推薦する傾向にある。

（3）入社後の定着率を高める

入社した後に問題があって退職すると、その情報は学校に入る。企業側に問題がある場合は次年度から推薦されなくなることがあるので、社員の定着率を高める努力をすることが重要だ。

内定後のフォローも視野に一般公募

一般公募方式の採用活動において、新卒の学生が企業を選択する場合の条件は次の通りである。

・社員の定着率も含めた社風
・給与や待遇、休日、福利厚生
・将来性や安定性、社会貢献性がある
・希望する仕事ができる

採用活動の中で、これらの項目に対する会社としての姿勢を、学生に明確に伝えていくことが必要である。以下に、一般公募で新卒の学生を採用する際の手順を説明する。

ステップ1　採用計画を明確化

まず、人材採用計画を基に、採用する職種や人数を明確にする。次に、採用プロジェクトを発足。若手のメンバーを中心にプロジェクトチームを人選し、そのメンバーを中心に進めるとよい。

ステップ2　採用活動を開始

会社案内やホームページを作成する。一般的な会社案内は、顧客向けに作成されているが、ここでは学生向けに作成する。学生の視点で見やすさを追

求した会社案内を作成したい。その後、大学や高校を訪問して、企業登録してもらう。希望する学生像を話したうえで求人票を作成する。学校のOBが社員にいれば、その人を担当にするのがよい。

ステップ3　合同会社説明会に参加

　合同会社説明会の目的は、自社の会社説明会に来てもらうことだ。合同説明会のブースを訪れてくれた人のうち、3割程度を自社の会社説明会に動員することを目標にしたい。合同会社説明会では、以下のような質問や説明を試みるといい。

・どんな仕事を希望しているのかを聞き、自社の業務内容と本人がしたい仕事との共通点を探る
・自社の業種や特徴の説明では、興味を持ってもらえるように語りかける
・一方的に話すのではなく、本人に感想などを話してもらう
・自社の会社説明会への参加を積極的に呼びかける
・会社説明会の資料を基に、日程や会場などを説明して誘う
・後から会社説明会への参加の有無を確認することは難しいので、その場

写真7-1●新卒者の募集ブース

（写真：次ページも水谷工業）

で本人の手帳を開いてもらい、参加の確約を得るのがよい

ステップ4　会社説明会を開催

　自社で開催する会社説明会の目的は、一次面接に来てもらうことである。会社説明会に来た人のうち、7割を一次面接に動員することを目標にしたい。会社説明会では、以下の点に配慮する。

- 来場者に対しては、名前を呼んで受け付けるとよい
- 社長自ら、経営理念や経営ビジョンを熱く語りかける
- 社員の案内によって社内を見てもらい、社風を感じてもらう
- 求める人材像や入社後のキャリアプラン、休日や給与などの待遇、内定までのスケジュールを説明する
- 簡単な面接をして、次回への進行希望を確認する

ステップ5　3回に分けて面接を実施

　一次面接で本人の資質やマインドを確認する。マインドは職場適応性テストやストレス耐性テストで確かめ、グループ討議でコミュニケーション能力

写真7-2●新卒者の面接

をチェックする。引き続き二次面接でスキルを確認し、内定を出すかどうかを決める。スキルは能力診断テストでチェックするが、営業職の場合は営業適性テストを用いるとよい。論理力は小論文で確認する。そして、三次面接で本人の入社意思を確かめる。

内定後の学生をフォロー

そして、**ステップ6**として、内定を出した学生を確実に入社に導くために、内定後のフォローを実施しなければならない。

（1）内定を受けた学生の心理状態を知る

内定を受けた学生の心理状態は複雑だ。1社だけから内定を得ている場合でも、喜びだけでなく、以下のような悩みを持っている学生は多い。まして、複数の企業に内定している学生であれば、選択を決断しなければならないというさらなる悩みがある。

- 自分の選択は間違っていないか、自分はどのような選択をすればよいのか
- 自分に対して会社は本当に期待してくれているのか、最も期待してくれているのはどの会社か
- 会社は自分を必要としているのか、最も必要としている会社はどこか
- 自分の力で会社に付いていけるか
- この会社に就職することを親や家族、友人は評価してくれるか

（2）継続して接点を保つ

このような不安な気持ちを静めるためにも、内定後のフォローを実施する必要がある。**表7-2**に挙げるプランから、自社に合ったものを選ぶとよい。

表7-2●内定後のフォローのプラン

行事への参加を促す	電子メールなどで接点を保つ	入社前に研修を実施する
基本プラン	通信プラン	研修プラン
・けじめをつけるために内定式を開催 ・業務説明会や懇談会、会社見学会を開催し、学生との接点を増やす ・社内行事への参加を促し、社員と学生とのコミュニケーションを促進	・社内報や内定社報を毎月送付 ・定期的に通信教育を受講 ・新聞や課題図書のリポートを定期的に提出	・マナーや施工管理の研修を実施

2 無計画な中途採用が経営を圧迫

　新卒採用が数カ月にわたって複数回の面接やテストを実施するのに対して、中途採用は短期間の採用活動になることが多い。それだけに、明確な採用計画を持っていることが重要だ。

(1) 情報をできるだけ開示
　入社後に、事前に聞いていたことと異なると感じると不信感が募り、結果として早期の退社になりがちである。面接は自社のファンになってもらう場であるとわきまえ、一緒に働きたいと思えるような情報をできるだけたくさん開示することが必要だ。

(2) 中期経営計画に採用計画を記載
　中期経営計画に中途採用の計画を記載する。計画には、求めるスキルや年齢層、待遇（給与や賞与水準など）を明確にしておく。該当する人材が現れた段階で、その採用計画に合致しているかどうかを判断する。いくら良い人材であっても無計画な採用は将来の経営を圧迫する恐れがあり、厳禁である。

(3) 良い人材の登録状況を常にチェック
　中途採用には以下のような方法が考えられる。
　・ハローワーク
　・知人からの紹介
　・人材バンク
　・ヘッドハンティングなどの有料の職業紹介
　・就職情報サイトや新聞広告など

　Ｃ社のＣ社長は毎週、人材バンクに通っている。良い人材が登録されていないか、情報を得るためだ。人材採用は、最大の経営戦略であるととらえ、それを遂行するのは経営者の最も大切な仕事であるとＣ社長は認識してい

る。安易な方法では優秀な人材を中途採用することはできない。

能力よりマインドが大切

　中途採用でも新卒採用でも、面接で候補者のスキル（能力）とマインド（やる気や正しい考え方）を確認しなければならない。スキルは、中途採用であれば履歴書や職務経歴書で、新卒採用であれば学歴や成績表である程度は判断できるが、マインドは適性検査と面接によって見極めなければならない。

　社風に合ったマインドさえ有しておれば、スキルが多少低くても時間の経過とともにスキルを向上させることができる。逆にマインドが社風に合っていなければ、いくらスキルが高かったとしても成果を上げる人材となりえない。社風に合ったマインドの判定方法について解説する。

(1) 適性検査で将来性や適応度を予測

　企業人としての資質を測定することで、将来の成功度や未経験の職務への適応度を予測する。そのためのツールとして適性検査があり、SPI2やDPIなどの採用実績が多い。それぞれの解説は各資料を見ていただきたい。適性検査の結果と採用した社員の事後の状況とを対応させて、自社の経営理念や業務実態、社風に合った判定基準を設定するのがよい。

(2) 面接では適切な質問を

　面接で受験者の人となりを判断するためには、適切な質問をしてそれに対する返答を分析しなければならない。次ページの**表7-3**に効果的な質問項目を記載する。

表7-3●面接での質問のポイント

ポイント
①事実を聞く 　人は未来のことに対しては、平気でうそをつくことができるものだ。これに対して過去の事実については、うそが言いにくく、うそをついてもばれやすい。
②経験を聞く 　経験があることと仕事ができることとは同じではない。経験しているからといって、仕事ができるとは限らない。 　ほんの短い経験であっても、補助をしているだけの経験であっても、事実としては経験していると答えることができるからだ。 　そこで、仕事や活動の経験を聞くのではなく、それにどのように対応してきたかを聞くのがよい。
③人間関係を聞く 　今の職場や前の職場、または学校での人間関係を聞く。企業人としてはコミュニケーション能力が欠かせない。これまでどのような対人関係を築いてきたかを確認する。 　さらに、問題が発生したときに、他人のせいにする傾向があるのか、自分のこととしてとらえることができるのかを判定する。
④親子関係を聞く 　他人に対して感謝する心を確認する。対人能力の基本は親子関係である。親や家族とどのような対応をしているかを確認することで、対人能力を判断することができる。 　この質問に対する回答に、親や家族への愛情をどれほど感じられるか、または感謝の心をどの程度感じられるかを判断する。 　親に対する気持ちが、家族以外の人に対する愛情や感謝の心に反映するものだ。
⑤物事に懸命に取り組む姿勢を確認する 　物事に懸命に取り組む姿勢を確認するために、自社の採用試験に対する取り組みを確認する。採用試験を受けるにあたってどのような準備をしたのかを質問する。

質問の例

良くない質問　「当社の業務は現場作業が多いので、肉体的にきついのですが、大丈夫ですか」。

　　　　回答　　「はい、体力には自信があるので大丈夫です」。
　　　　➡　未来のことに対しては大丈夫でなくても、大丈夫と言う。

いい質問　「過去の実績（成功事例や失敗事例）について説明してください」。

良くない質問　「あなたがこれまでに経験した業務について話してください」。

いい質問1　「今までの仕事や活動における失敗事例を話してください」。
いい質問2　「そのときに、どのような感情を抱きましたか」。
いい質問3　「それをどのようにして乗り切りましたか」。

いい質問1　「あなたのことを、仕事や勉強、もしくは人間的なところで認めてくれていると思える人を、挙げてください。また、具体的にその理由を聞かせてください」。
いい質問2　「自分を認めてくれる人もいれば、認めてくれない人もいることでしょう。あなたを認めない人は、誰でしたか。その人たちと、どんな付き合い方をしているのですか」。

いい質問1　「これまでの人生で、親からどんなことを学びましたか」。
いい質問2　「家族に対するあなたの思いを話してください」。

事前の質問　「面接の際にお気に入りの写真を3枚持参してください」。
　　　　⬇
　　親や家族と一緒に写っている写真を持参する人は、親子や家族の関係が良好といえるが、自分や友人だけの写真を持参した場合は、何か問題を抱えていることが多い。

いい質問1　「当社または業界に関連する書籍はどのようなものを読みましたか」。
いい質問2　「どの点が共感できましたか」。
いい質問3　「当社のホームページのどの部分を見ましたか。その感想を聞かせてください」。

建設現場への配属は早期に

　採用した人材を戦力にするためには、採用後のフォロー、教育（OJT、OFF-JT）、学校や家族へのフォロー、適切な人事制度が必要である。

　これまでの自分を打ち破り、変化させて、会社に早期に適応させることによって戦力にすることができる。そのためには、入社当初の対応が重要である。他の社員の対応を見て、入社から数日のうちに退社してしまうことも多い。

（1）社員のマナーに注意
　入社する社員の顔や名前をあらかじめ知らせ、気持ち良くあいさつするなどの対応を事前に準備しておく。

（2）情報をきちんと伝える
　仕事をするに際して、必要な情報をきちんと伝えることが大切だ。入社前に伝えていることであっても再度、伝えることが望ましい。開示する情報としては就業規則、賃金の体系や支払日、残業手当、経費の精算方法、休暇の取得方法、研修スケジュール、出退勤の仕方、服務規程、電話やファクス、コピーの使い方、ゴミの捨て方、社内独自の専門用語も含めた会社の慣例、自社の社風などがある。

（3）企業概要を説明
　企業概要について魅力的な内容を伝える。例えば自社の歴史や創業時のエピソード、顧客と絶大な信頼関係を築いた事例、素晴らしい感謝の言葉をいただいた事例、社員旅行、社内イベント、行事、社内表彰などを伝えるとよい。

（4）経営理念を伝える
　創業の理念や社長の思い、社長の生い立ちを伝える。

（5）事業内容を説明

仕事の目的と重要性を説明し、その業務が戦略上、重要な役割を担っていることを実感させる。

（6）キャリアビジョンを説明

この仕事を通じて将来、どのような姿になり、成長することができるのかを説明する。

一方、採用された人は、社会人として技術者として、この会社で自分のキャリアをどのように積み上げるかについて考えたうえで、生涯設計を行う。そして、それを達成するために、自分の強みと弱みを把握。どのようにして強みを生かし、弱みを克服するのかを計画する。この会社でどのように成長するのかを決意する「決意表明」を作成するとよい。

建設会社の基本は現場なので極力、早期の現場配属がよい。現場で仕事の苦しさと工事が完成した喜びを知り、建設業に夢と誇りを感じることができるよう、上司は心がけてほしい。

写真7-3●入社式の様子

（写真：水谷工業）

第8章
工事部長の仕事に学ぶ

1 個々の工事から組織の管理へ
2 会議を活性化する方法

1 個々の工事から組織の管理へ

いくつかの工事の現場代理人を務め、ある一定以上の成果を出すと、本社や支店で工事部門を統括する役目を求められることがある。工事部長や土木部長、建築部長、または工事課長といわれる立場である。

現場代理人は工事を管理するのが職務だが、これらの立場になると工事部門という組織を管理しなければならない。工事管理と組織管理は言葉は似ているが、内容は似て非なるものである。工事部門を管理する立場の職務として、以下では工事部長について取り上げる。

現場代理人や経営者も工事部門の顧客

工事部長は工事部門を統括する立場である。工事部門には現場代理人や工事の担当者が所属し、それぞれの工事を担当している。では、工事部門という組織がなぜ必要なのだろうか。例えば、それぞれの工事を社長が直接統括すれば工事部長は不要になる。まずは工事部門や工事部長の役割や目的について考えてみよう。

工事部門にとっての顧客とは誰だろうか。工事を発注した人は顧客だ。さらにはその工事の結果、出来上がった建設物を使う人も顧客だろう。道路工事を例に上げると、道路工事を発注する国または市町村や都道府県などの地方自治体は顧客である。さらに、出来上がった道路を使用する市民も顧客である。

しかし、工事を施工する現場代理人にとっての顧客も同様に発注者や市民である。上記の定義であれば、工事部長、現場代理人双方の顧客が同じということになる。いくつかの工事を統括する工事部門の顧客の定義として、これは正しいだろうか。

工事部門の職務内容から考えてみよう。現場代理人が仕事をしやすいよう

図8-1●工事部長の職務

（イラスト：渋谷 秀樹）

に支援することは大切な職務だ。経営者が今後の戦略を立案するときに適切な情報を提供し、正しい経営判断のための支援をすることも職務だ。このように考えると、現場代理人や経営者も顧客となる。つまり、工事部門にとっての顧客とは、工事の発注者や建設物のユーザー、さらには現場代理人や経営者であるといえる。

このような顧客の定義を踏まえて、工事部門の目的について考えると、工事部門とは「顧客（発注者やユーザー、現場代理人、経営者）が満足し、感動するような工事を施工するための組織」であると定義することができる。

上記の目的に基づいて、工事部門の目標を定める必要がある。目標とは、達成度が判定可能な内容である。それぞれの顧客に対して、例えば以下のような目標が考えられる。

・発注者やユーザーに対する目標＝顧客満足度や工事評価点、リピート受注率、紹介件数
・現場代理人に対する目標＝従業員満足度や定着率
・経営者に対する目標＝部門の売り上げや利益

> **現場代理人に「ありがとう」を伝える**
> 　Y建設のK部長は、工事の管理に加えてセールスエンジニア（技術営業）と称して現在、または過去に担当した工事の発注者から工事を受注する目標を、現場代理人に対して課している。しかし、現場代理人の中には営業活動を毛嫌いし、営業目標を達成できない人も多かった。そんなときにK部長はこう言った。
> 　「発注者から『ありがとう』と言ってもらえる現場代理人になろう」。そして、現場代理人に対する「ありがとう」をK部長自ら発注者から聞き出し、それを積極的に現場代理人に伝えた。「ありがとう」と言われてうれしくない人はいない。そうすると、もっとたくさんの「ありがとう」が欲しくて、現場代理人が営業活動に取り組み出したのである。まさに「ありがとう」の力は大きい。

マーケティングの観点で顧客と接する

　顧客や目標が明確になったら、次に顧客の声を聞く必要がある。これまで述べたように、発注者やユーザー、現場代理人、経営者それぞれの声を聞く必要がある。

　発注者やユーザーの声を聞くのは、基本的には直接の接点がある現場代理人の仕事である。しかし、発注者の中には、日々顔を合わせている現場代理人に本音を言わない人もいる。その結果、不平不満が積もり積もって取り返しのつかない事態になることがある。

　そこで、工事部長は発注者から直接声を聞く場をつくらないといけない。毎月最低でも1回は電話を入れたり、数カ月に一度はアンケート用紙を送っ

たり、一緒に食事したりするのもいいだろう。工事が始まれば現場代理人に任せっぱなしで放置する工事部長もいるが、顧客との接点を常にマーケティングの観点で忘れないことが大切だ。

現場代理人の率直な意見を聞く

　現場代理人の声に耳を傾け、直接対応したり、さらにその情報を取りまとめて経営者に報告したりすることが工事部長の行うマーケティングである。しかし、現場代理人はなかなか工事部長に心を開かないものだ。表面的な意見を聞いているだけではマーケティングとはいわない。心の叫びを聞いてあげることが必要だ。現場代理人の率直な意見を聞くためには次の3点が重要である。

（1）現場代理人の性格に合わせて話し方を変える

　「……について意見を聞きたい」というときに、通り一遍の聞き方では人によっては本音を言ってくれないものだ。そこで、相手によって話し方を変えなければならない。

- 知性の高い人には指示によるマーケティング
  ＝「……についてアイデアを聞かせてください」
- 感性の強い人にはフランクなマーケティング
  ＝「そういえば……ってどう思う？」
- 積極的な人には議論によるマーケティング
  ＝「……はこうすべきじゃないですか？」
- 消極的な人には質問によるマーケティング
  ＝「……について考えていることは何ですか？」

（2）食事で本音を引き出す

　とはいえ、簡単には本音を言わないものだ。そんなときに大切なことは、まずは時間を共有することだ。これには食事を共にするのがよい。少なくても食事をする1時間程度は、時間を共有できるからだ。次に、相手の表情を読む必要がある。「はい」と言っても、心からの同意の「はい」、嫌々の「は

い」、どちらでもよいの「はい」もある。表情や身振り、手振りを読んで判断することが重要だ。

(3) 他の人に聞いてもらう

それでもうまく聞けない人は、聞き上手の人に代わりに来てもらおう。人と人との関係には相性がある。その現場代理人と相性の合う人に、代わりに話を聞いてもらうことで、思わぬ本音が聞き出せるものだ。

中立の立場で経営者の声を聞く

現場代理人は、工事部長が自分たちと経営者との橋渡しになって経営者の本音を聞いてほしいと望んでいる。経営者も、自らの意見を工事部長が正しく理解して、自分の言葉で社員に伝えてほしいと望んでいる。

しかし、多くの工事部長は、中立の立場で経営者の声を聞くことが最も難しいと感じている。どうしても社員側に寄って、経営者と敵対する工事部長も少なくない。多くの社員から批判の矢を受けることが怖いからだ。逆に経営者側に立って、社員を攻撃する工事部長もいる。自分の地位を守りたいというのが本音なのだ。これらのいずれも、正しいマーケティングとはいわない。工事部長は自身が中立の位置に立っていることを常に確認しなければならない。

右ページの上の事例のように、ボタンを掛け違っても、途中まではずれていることに気づかない。そして、すそのボタンを留めるときに初めてボタンがずれていることに気づくのだ。洋服であればかけ直せばよいが、会社はそうなってからでは遅い。早い段階に本音で話す機会をつくり、それが難しければ第三者に仲介してもらうことも大切だろう。

ボタンの掛け違いに気づく

　T建設のT社長は、父親である先代から後継し、2年前に社長に就任した。T社長には悩みがあった。工事部長として長年、会社を支えてくれているX部長の存在だ。T社長とX部長は年齢が10歳離れており、入社当時から仕事を教えてもらった間柄だ。X部長は、Tさんの社長就任後も、その関係を引きずっている。

　例えば、会議でT社長が社員に指示を出すと、「社長、そんなことはできっこないよ」と公然と反論する。社長と工事部長の言うことが異なると、最も困るのは社員だ。どちらの言うことを聞けばよいのかわからないからだ。その結果、会社の雰囲気が良くないことに気づいたT社長から、私は相談を受けた。

　私がT社長とX部長に面談したところ、X部長は次のように言った。「T社長は、『私は現場のことはわからないので、X部長の思い通りにやってください』と私に言いました。だから私は思い通りにやっているのです」。

　T社長はこれに対して次のように言った。

　「X部長は、『現場のことは私が采配をとりますが、経営のことはわからないので社長の思い通りにやってください』と私に言いましたよ」。

　全くのボタンの掛け違いである。私は両者の本音を代弁して次のように言った。

　「お二人がもめていて、最も迷惑をしているのは社員さんですよ。さらにはそんな社員さんが日々接しているお客様も、会社が変な雰囲気であることを肌で感じているかもしれません。このままだと業績にも影響が出ます」。

強くて固い組織をつくる

　どのような組織をつくるかについては工事部長の腕の見せどころである。どんな組織がいいのだろうか。プロ野球を例に考えてみよう。

　強いチームとは、ピッチャーや野手がそれぞれの役割を認識して日々努力し、それぞれが100％の力を発揮している組織だ。投手は先発完投型、打線は一発攻勢が得意。日々成長しているし、層が厚い。半面、逆境に弱く、反乱分子が出現するとバラバラになる危険性がある。

　固いチームとは、個々の能力の不足分をお互いがカバーし合い、助け合い、チームワークの良い組織のことだ。投手は継投策が、打線はつなぐ野球が得意。逆境に強いし、成果にムラがない。半面、飛び抜けた個性に欠けるため、ぬるま湯のような組織になる危険性がある。

強い組織に必要な緊張感

　強い組織は個々の能力が高く、しかも常に自己研さんしている。一言で言うと自立した組織である。それぞれが組織の目標に合致した個人の目標を持っており、その達成に執念を燃やしている。組織も、個人目標の達成に対して最大限の支援をしている。

　このような組織にするためには、組織に常に緊張感があることが必要だ。そのためには、競争と結果責任、そして権限委譲が必要である。

（1）結果の"見える化"が自主性を生む

　複数のプロジェクトチームを作って競争させ、その結果の"見える化"を実施し、相互の競争意識を芽生えさせる。プロジェクトチームの個々のメンバーに役割を与え、その役割の遂行に対して責任を持たせることも重要だ。

> **ポイント制度を活用**
>
> 　B社には工事部長の下に、15人の現場代理人が所属していた。工事部長は個別に現場を監視し、現場代理人に指示を出していた。ところが、どうしても目が行き届かないことがあり、クレームや工期遅延などの問題が常に発生していた。
>
> 　そこで、5人ごとに三つのチームを作り、それぞれチームリーダーを選任して、成果を競争させることにした。利益や顧客からの評価点などの結果とともに、新規の協力会社の開拓数や勉強会の数、顧客訪問の数、VE提案の数などを競争させたのだ。
>
> 　そして、その結果をポイントにして張り出すなどし、"見える化"を行った。さらにリーダーはもちろん、メンバーにも人生育成係、売り上げ促進係、原価低減係、品質向上係、工期短縮係などの役割と責任を持たせた。
>
> 　その結果、現場で問題があると、これまでは工事部長が声をかけない限り対策を立案しようとしなかったが、チームリーダーと担当係（例えばクレームの発生であれば品質向上係）が自主的に検討会を開催し、工事部長はオブザーバーとして参加を求められるようになった。
>
> 　資格取得のための勉強会についても、これまでは無理やり勉強させていたのだが、プロジェクトチームの結成後はメンバー（人材育成係）が講師となって開催することで合格率も上がったのである。

（2）権限の委譲で実力以上の働き

　個々が自立した強い組織にするためには、社員に実力以下の仕事だけを任

せていては個々の成長はない。工事部長は仕事の進ちょくを管理するだけになってしまう。

一方、社員に実力以上の仕事を与えると、社員はどうすればよいかを自ら考えるし、能動的に動くようになる。その際に工事部長が注意すべきことが三つある。
・社員が失敗しても責任を取れる範囲を明確にしておく
・その責任の中で思い切ってやらせる
・任務を成し遂げたらそれを褒める

> **現場代理人が原価を交渉**
> C社では、集中購買によって購買部がすべての原価交渉を行っていた。購買部長の交渉力の強さが原価低減のポイントだったからだ。しかし、そのことで現場代理人の原価に対する知識や意識の低下につながっていた。そこで、一つの契約が100万円以下の工種については、現場代理人に原価交渉の権限を委譲することにした。
> さらに、その範囲内でどの協力会社を採用してもよいとした。原価交渉を苦手とする現場代理人もいて随分と異論が出たが、とりあえずやってみようということになった。
> その結果、現場代理人自ら実に様々な会社を検索してきたり、個別に原価交渉したりすることで原価を大きく下げることができたのである。契約後の追加支払いも減少し、現場代理人の原価管理能力が大きく向上した。

「固い組織」は数倍の力を発揮

固い組織は、個人個人の結び付きが密接で一体感があり、まとまりがある。一言で言うと団結力の強い組織である。このような組織はトラブルや緊急事態に強い。

人間の体に例えると指の一本一本、つまり一人ひとりの社員がしっかりしている組織を強い組織と呼ぶ。しかし、指がバラバラになっていると組織としての強さが出ず、もろい組織になる。指が拳として握り締められると固い組織となり、指1本の力の数倍の力を発揮することができる。このような組織とするためには報連相や情報の共有化、プロセスの評価が必要である。

（1）報連相や情報の共有化を徹底

　固い組織にするためには、報連相の徹底や情報の共有化が必要である。会社の状況や仲間の様子がわかってこそ、助け合ったり力を出し合ったりするものだ。

> **携帯電話のメールを活用して助け合う**
>
> 　あと施工アンカーを手がけるM社は、アンカー職人を有する企業である。基本的には朝、現場に直行するので他の人がどんな仕事をしているのか知らなかった。そこで、社員全員が携帯電話のメールアドレスを利用してメーリングリストを構築した。そのアドレスに発信すると、全員に一斉にメールが届く仕組みだ。
> 　M社では、毎日午後3時に全員がメーリングリストに現場の状況を送信する。「現場名○○改修工事。午前中アンカー20本完了。午後、現在のところ21本完了。残り8本を施工して午後5時終了予定」などという感じである。
> 　ところが、次のようなメールもある。
> 「現場名△△工事。午前中アンカー15本完了。午後、現在のところ10本完了。残り20本を今日中に完了しなければならないので、午後8時まで残業予定」。
> 　これまではこのように忙しいときでも自己責任で施工していた。しかし、これを見た仲間が次のようなメールを送った。「今日は順調に仕事が進んだので、午後3時に工事完了予定。△△工事の応援に向かいます。午後3時30分には現地到着予定」。
> 　このように誰かが指示をするのではなく、自主的に支援し合う形ができた。この結果、仕事のムラが少なくなり、ムリなく仕事ができ、結果としてムダを削減することができたのである。

　6章の5で取り上げたT社の施工前のシミュレーションでは、現場代理人が原案を作成。職長が詳細に作成した工事フローを基に、乗り込みから片付けまでの流れを図面を見ながら再現する。そのときに、作業員の配置や実施すべきこと、留意点などを全員が議論して情報を共有する。作業員の意見で工事フローを変更することもよくある。このことで、作業員相互の助け合いや協力の体制が出来上がり、工期短縮や品質向上をなし得ることができた。

（2）プロセスを評価する

　社員の日常の仕事の頑張りをきちんと褒めたり、感謝し合う組織にしたり

することで士気が上がり、固い組織になる。しかし、「結果が出たら褒めよう」と思って様子をうかがっていると、それは待ちの姿勢となって固い組織になりえない。工事部長であれば、社員の褒める点や感謝すべきことを積極的に探さなければならない。

つまり、成果だけでなくそこに至るプロセスを評価し、感謝の意を表するのである。評価や感謝のポイントは次の二つである。
・創意工夫や改善提案など、チームの業績を上げる努力
・周囲への気配りや部下、後輩の育成など、社風を良くするための努力

感謝の気持ちをカードに記す

A社では「サンキュー／グレートカード」と呼ぶ制度を活用している。感謝の気持ち（サンキュー）や「すごい！」という気持ち（グレート）をカードに書いて本人に手渡すのである。

例えば「サンキュー」では、「○○さん、仕事を手伝ってくれてありがとう」、「△△さん、治具を考案してくれてありがとう。おかげで仕事がスムーズに進むようになりました」と伝える。「グレート」では、「□□さんの仕事ぶりをお客様から褒められました。すごいです」、「○○さん、コピーの正確さときれいさは天下一品です。すごい」と評価する。

人は評価されたり感謝されたりすると、もっと評価されたい、もっと感謝されたいと思うものだ。そして自分も他人を評価したり、感謝したりしようとする。そのことで固い組織になるのである。

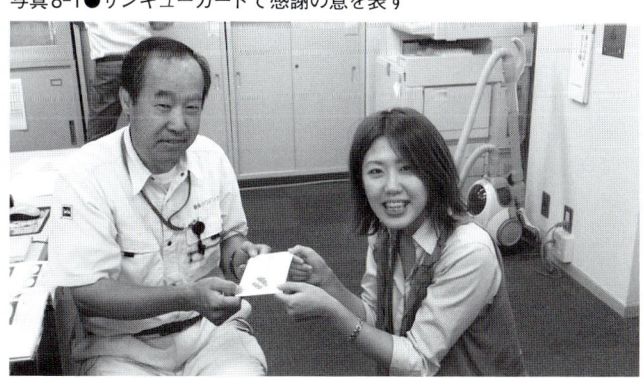

写真8-1●サンキューカードで感謝の意を表す

（写真：喜多ハウジング）

トラブルに強いチームをつくる

　現場にトラブルは付き物だ。現場の問題は現場で解決することが原則だが、工事部長はいざというときに頼りになる存在でなければならない。現場でトラブルがあったとき、工事部長はどのように対処すればよいのだろうか。

（1）事前の備えで即座に対応

　トラブルが発生したら初動を早くしなければならない。特に「報告」と「対処」のスピードが不可欠だ。そのためには、工事部長は以下のことに留意しなければならない。

・嫌なことほど正確に、早く報告することの重要性を日ごろから話す
・問題が発生したとの報告に対して頭ごなしにしからない
・発生した問題の責任を取るのはチームであり、リーダーであって、個人でないことを明確にしておく
・工事部長はその問題に対して誰が対処するかを決める

（2）問題への対処だけでは不十分

　問題に対処したら、それにとどまらずに問題を解決しなければならない。おなかがすいている人に魚を一匹与えれば、その人は1日食べられる。一方、魚の取り方を教えれば、その人は一生食べていける。魚を与えることは問題への対処策を示すことであり、魚の取り方を教えることは問題の解決策を示すことである。つまり、成果を継続して生み出す組織にするためには、問題への対処だけでなく、問題を解決することが欠かせない。

　問題を解決するためには、問題の原因を除去しなければならない。真の問題を探ることが重要だ。問題の原因は以下の4Mに分けて考えるとよい。

・Man ＝ 人材や組織
・Machine ＝ 設備や機械、工具
・Material ＝ 材料
・Method ＝ 方法や手順

さらに「Man＝人や組織」に関する問題は次の三つに分けられる。
（a）メンバーの仕事に対する意識
（b）メンバーの仕事の仕方
（c）チームまたは会社の仕事の仕組みや体制

（a）が原因であれば、メンバーの意識改革のための教育や指導を行わなければならない。（b）や（c）が原因なら、プロジェクトチームを作って改善や革新を進めるのがよいだろう。

（3）下の世代との溝を埋める

工事部長が若い社員とうまく付き合えなければ、トラブルなどに強いチームにならない。しかし、実際には若い社員との間に溝があり、組織に活力が失われてしまっていることが多い。

溝を埋めるためには、下の世代に上まで上がってこいと言うのではなく、工事部長自ら下まで降りていくことが必要だ。下の世代のことをよく知ろうとすること、下の世代の会話に入っていくことの努力をあきらめずに続けなければならない。

（4）上の世代のノウハウを活用

比較的若い工事部長は、自分よりも年令やキャリアともに長い上の世代の人を率いなければならないこともある。中には、元直接の上司だった人もいるだろう。そういった上の世代の人たちと工事部長との間に溝ができることがある。

会議で工事部長が話したことに対して、公然と批判する年長の部下をよく見かける。工事部長の直接の指示に従わない上の世代もいる。下の世代に、工事部長の非難や中傷をする人もいる。これは、その年長の部下に問題があるが、それよりも問題なことは工事部長の付き合い方が悪いことだ。

そんなときに重要なことは、上の世代から逃げるのではなく、上の世代が

持つトラブル対処などのノウハウを積極的に教わり、吸収し、そして活用することだ。

> **工事部長より年長者を施工支援部に**
>
> 　Y社のY社長は、組織の停滞に問題があると考えていた。そこで55歳の工事部長を、40歳の技術者に変えようとした。そのときに問題になったのは、40歳の新任工事部長よりも年長者である10人の扱いだった。そこで、施工支援部という組織をつくり、新任工事部長より年長者はその組織の所属とした。
>
> 　施工支援部の業務は、その名の通り施工現場の支援だ。若い現場代理人の補佐や支援、施工検討会の出席、安全パトロールの実施など、これまでの経験を生かして若い工事部長や現場代理人を補佐する立場とした。さらに、若手社員では経験不足で施工できない工事については、施工支援部が工事担当者として直接、担うこともある。
>
> 　その結果、工事部長の若返りに伴って組織が活性化し、新規事業へも進出することができた。さらに年長の社員もやる気をもって工事を支援するようになり、人材育成や問題点の早期発見に関して成果を出せるようになった。

（5）部下を守る

　顧客から、「あの現場代理人を外してほしい」と言われたときに、工事部長としてどうするか。そのときは体を張ってでも部下を守らなければならない。現場代理人の失態や力不足を自分の責任として受け止め、顧客に対して頭を下げ、名誉挽回（ばんかい）の機会をもらうのだ。

　顧客の要求があまりにも理不尽であれば、けんかすることも辞さない覚悟が必要だ。もちろん発注者である顧客は大切だ。しかし、工事部長にとって部下も前述のように顧客なのである。社長からも「あいつを外せ」という声がくるかもしれない。工事部長はそれに対しても屈してはいけない。

　そんな外からの圧力に対して、簡単に屈して部下を放出するようなことがあれば、チームに二度と団結力が戻ることはない。内部崩壊を待つのみだ。

イノベーションで常に新鮮な組織に

　組織は変化に対応する順応力がなければならない。そのためには、常にイ

図8-2 ●部下を外の圧力から守る

顧客：品質が悪い／工程が遅い
協力会社：段取りが悪いので仕事が進まない
近隣住民：対応が悪い／音がうるさい
職人
現場代理人
工事部長
経営者：利益を出せ

(イラスト：渋谷 秀樹)

ノベーション（革新）を行う必要がある。現場のイノベーションは現場代理人の役目、組織のイノベーションは工事部長の役目、そして会社全体のイノベーションは経営者の役目だ。工事部長は、精神的な若さを保つような新鮮な組織を維持し続けなければならない。

（1）専門家を活用する

イノベーションとは、これまでと異なることを実践することである。だからこそ、簡単に思いつくことではない。そこで、その道の専門家の意見を求めることが大切だ。それは、コンサルタントや弁護士、税理士といわれる人

であったり、異業種の人であったりするかもしれない。

さらには自社の社長の意見を聞くことも大切だ。社長は仕事がら多くの人と会い、話を聞く機会が多い。専門家としての社長の意見を取り入れることで、イノベーションを実践する必要がある。

(2) 施工や営業の手法を見直す

施工のイノベーションとは、これまでとは全く異なる手法で施工することだ。または、これまでやったことのない工種にチャレンジすることだ。

営業のイノベーションとは、これまで行ってきた営業手法を見直したり、現場代理人自らが営業に出向いたりするということだ。

新しい工法で施工したり、新しい手法で営業したりするということは「失敗するのではないか」という恐れが付き物だ。しかし、変化を恐れずチャレンジすることが、工事部長に欠かせない資質である。

施工のイノベーションを考えるには、以下に示したオズボーンの九つのチェックリストが参考になる。
　(a) ほかに使い道はないか（転用）
　(b) ほかからアイデアが借りられないか（応用）
　(c) 色や色彩、音、運動などを変えたらどうか（変更）
　(d) 大きくしたらどうか（拡大）
　(e) 小さくしたらどうか（縮小）
　(f) 代用したらどうか（代用）
　(g) 入れ替えたらどうか（置換）
　(h) 逆にしたらどうか（逆転）
　(i) 組み合わせたらどうか（統合）

以下にそれぞれの活用例を示す。

(a) ほかに使い道はないか（転用）
　土木工事で培ったRC（鉄筋コンクリート）の技術を、住宅の地下室の施工に生かした。地下室は高い防水性能が必要なので土木技術が生かせる。

(b) ほかからアイデアが借りられないか（応用）
　製造業の技術を生かして、コンクリートの現場打設の代わりにプレキャスト化を進めた。

(c) 色や色彩、音、運動などを変えたらどうか（変更）
　玉掛けワイヤの点検色を毎月変えることで、点検の有無が一目で判断できるようにした。

(d) 大きくしたらどうか（拡大）
　2台のクレーンを使用する計画を、1台の大型クレーンを使用することでコスト削減を果たした。

(e) 小さくしたらどうか（縮小）
　太陽光発電のユニットを小さくすることで、従来は構造上据え付けられなかった住宅に太陽光発電を設置することができた。

(f) 代用したらどうか（代用）
　コンクリートを解体して生じた破砕ガラを、砕石に利用してコストダウンを図った。

(g) 入れ替えたらどうか（置換）
　プロパンガスを販売していた企業が、販売商品をプロパンガスからオール電化商品に入れ替えることで、同じ顧客に継続して営業活動ができた。

(h) 逆にしたらどうか（逆転）
　トンネルの掘削では、水路トンネルなどの斜坑の場合は上部から掘り下げ、土砂をクレーンなどで排出するのが一般的である。それを、掘削方向を

逆にして下部から掘削することにした結果、土砂を自然落下させることができ、コストダウンを図った。

(i) 組み合わせたらどうか（統合）
　トランシットと光波測距儀を組み合わせてトータルステーションを開発した。

(3) 逆風をはねのける
　イノベーションを行おうとすると抵抗勢力が現れる。施工のイノベーションに取り組もうとすると、現場代理人から「無理です」などと拒否されることもあるだろう。または社長から「冒険はやめろ」などと非難されることもある。そんな逆風をはねのけ、イノベーションを実践する覚悟が必要だ。

人事は最も大切な業務の一つ

　人事は工事部長の行う最大の意思決定である。工事部長の行う最も大切な業務の一つに、受注した工事案件の配置技術者を決めるものがある。いかにして配置技術者を決めるべきかについて考えてみよう。

(1) 仕事ができる人のマイナス面に着目
　仕事のできる人を現場代理人に指名することもあれば、力不足の人を指名せざるを得ないこともある。しかし、仕事のできる人を指名すれば必ず成功し、できない人を指名したら必ず失敗するというものでもない。仕事のできる人は、工事案件をなめてかかることもあるだろうし、仕事のできない人は自分のできないことを悟っているので、多くの人の支援を得ながら仕事を進める。結果、かえって良い仕事をすることがある。

　そこで、仕事のできる人はマイナス面を、仕事のできない人はプラス面を見るのがよい。それぞれの長所や短所を補うように支援することで、すべての工事をうまく運営するように導くのが工事部長の仕事である。

（2）すき間を埋めるメンバーを選ぶ

　人には必ずマイナス面がある。技術力であったり、対応力であったり、熱意であったりする。そこで、そのマイナス面を補うようにメンバーを組み合わせれば、成果を生み出すチームづくりができる。つまり、チーム内のすき間を埋めるメンバーを選出するのである。したがって、メンバーの得手や不得手を常に把握したうえで人選しなければならない。

> ### 自分なりの人事配置の基準を持つ
> 　K社の工事部には大きな黒板が張り出してあった。そこには縦に工事名が、横には工期が書いてある。そして工事名の横には、配置技術者の札がかかっている。多くの工事に複数の技術者が配置されていた。
> 　よく見ると、技術者名の書かれた札の四隅に黒い印が付いていた。黒い印が左上にある人、右上にある人、左下にある人、右下にある人の4種類だ。K社の工事部長に聞くと次のように答えた。
> 　「左上に印が付いている人は血液型がA型、右上がO型、右下がB型、左下がAB型です。私はこれまで30年間、血液型のデータ分析をしており、相性の良い血液型の組み合わせと、相性の悪い血液型の組み合わせを把握しています。これをチーム編成に役立てています」。
> 　血液型で人事配置することをお勧めしているわけではないが、この例のように、自分なりの人事配置の基準を持つことは大切なことだ。

　H社のO部長は、悩んでいた。工事の定期的なアフターフォローがスムーズにいかないからだった。工事を担当した者が、その顧客をフォローするルールになっているのだが、アフターフォローすべき時期が担当している工事の繁忙期に当たると時間の確保が難しい。

　しかもアフターフォローに行くとクレームを言われることが多く、それが嫌でどうしても足が遠のくのだった。そうなると、今度は顧客から連絡が入り、「定期的なアフターフォローがあると契約時に聞いていたけれど、連絡がない。あなたの会社は売りっぱなしの会社だな」と言われたりする。

　そこで、O部長はアフターフォロー専任の部署を設置し、そのリーダーに若手の女性社員を登用することにした。女性ならではのきめ細やかなアフ

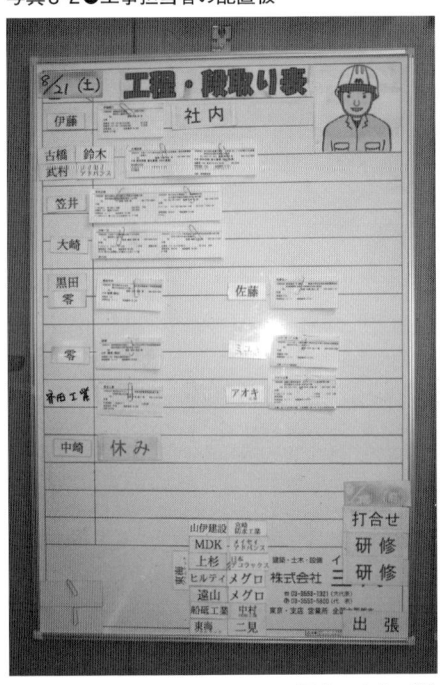

写真8-2●工事担当者の配置板

（写真：水谷工業）

ターフォローで顧客満足をつくり出し、さらにリピート受注や紹介による受注を目指そうとしたのだ。

　問題は女性リーダーの部下となる社員の選任だ。女性リーダーよりも若い世代の方が使いやすいだろうが、アフターフォローはある程度の経験が必要なので、若い世代では力不足である。リーダーと同じ世代だと、リーダーと競ってしまう。そこで、リーダーより年長のベテラン技術者で、人当たりがいい人を選任した。女性リーダーは苦労しながらも、O部長に支えられて成果を出し、順調に育っているという。

次のリーダーを育てる

　工事部長の大切な業務に、次の工事部長を育てることがある。現場代理人は会社に複数存在しているので集合教育で育成することができるが、工事部

長は会社にとって数年に1人しか必要でない存在であるだけに、いかにして育成するかは重要な課題である。

(1) 工事部長の候補を見極める

プロ野球で「名選手必ずしも名監督ならず」の言葉通り、名現場代理人だから工事部長としても必ず良い結果を出すとは限らない。工事部長としてふさわしい人材とは以下のような人だろう。

(1)-1 志が高い
志が低い人がトップに立つと、部員が夢を持つことができない。

(1)-2 知識を磨いている
工事部長が日々学び、知識を磨き続けないと、学ぶことに部員が価値を感じない。

(1)-3 気力が充実している
逆境に強く、常に明るく元気にふるまうことで組織に活力がみなぎる。

(1)-4 行動力がある
行動することに徹底して価値を見いだす人がトップであれば、行動するチームとなる。

逆にいうと、キャリアが長くて年齢は高いが、上記の四つの資質が不足している人には、組織を側面から支援する立場になってもらうのがよい。

(2) 工事部長の役割を教える

工事部長の候補者には、組織の仕切りをする予行演習をさせるのがよい。まずはプロジェクトチームのリーダーを任せてみる。さらには宴会の幹事役に任命し、参加率が高く、全員が楽しむことのできるような宴会をつくり上げさせるのもよいだろう。ほかにも、朝礼や会議の司会、会合で代表してあいさつをさせるなど、組織を統括するための経験を積ませるのがよい。

（3）課題を自分で見つけさせる

　工事部長に任命する前に、候補者がそれまでしていた工事担当などの「定型的な業務」を手放し、権限を後任者に委譲させる。そのうえで、時代や環境の変化を察知して新たな方向性を見つけなければならない「非連続の営み」をさせるのがよい。「非連続の営み」とは例えば次のような業務である。
- ・ISOシステムの認証取得
- ・人事評価システムの構築
- ・中期経営計画の作成

　その際、アドバイスやフォローはできるだけしないで、任せ切るのがよい。その中で、組織運営の難しさと楽しさを知ることができるのである。そして、「できない」、「難しい」という悩みの中から、自らの力で課題を探り、それを解決して克服する経験を積ませるのである。

（4）次の工事部長を徹底して応援

　組織には「次の工事部長になりたい」と立候補する人が出てくるかもしれない。その人に先述の（1）－1から（1）－4に記載した資質があると判断したら、徹底して応援することが大切だ。
　社内や協力会社の人たちに「○○君を応援してほしい」と呼びかけると周囲がその雰囲気になる。さらに成功したら本人の成果に、失敗したら自分が責任を持ち、本人に泥がかかることを防ぐ。

　立候補した人を工事部長が応援する姿を見せると、「立候補すると上司が支援してくれる」という思いをほかの人が強く持ち、どんどん立候補するようになるものだ。組織の長の仕事が魅力あるもので、積極的に立候補したいと思わせるような組織には、活力があふれている。

2 会議を活性化する方法

　工事部長の重要な仕事の一つに、工事部の会議の開催がある。携帯電話やメールなど、便利なコミュニケーションツールがあるが、やはりフェースツーフェースのコミュニケーションが最も重要で効果的だ。なかでも、会議は一度に多くの人とコミュニケーションが図れるため、有効な手段である。

　工事部の会議を活性化させると社風も活性化し、逆に会議が沈滞化すると社風も沈滞化する。いかにして活性化した会議をつくるかについて、考えてみよう。

社員が進んで参加するように

　会議を開こうとしても、現場が忙しいからと欠席が多く、出席した人も義務的に参加しているようでは活性化した会議とはいえない。どうすれば社員が自主的に、進んで参加するような会議になるのだろうか。

（1）会議の目的を明確にする

　まずは、会議の目的を明確にすることが必要だ。目的が不明確な会議では、参加意欲がなくなる。会議の目的は以下のように考えられる。

・案を出して、判断して、結論を出すまでの経緯を共有する
　➡行っていることが、誰が言い出して、何のために実施しているのかがわかる。

・問題になっている事柄を細分化し、その対策を関係者個々の行動に置き換える
　➡難しい問題でも多くの人が取り組めば、瞬時に解決する。

・対策について「誰が、何を、いつまでに」を決める
　➡参加者は、具体的に何をやればいいのかがわかる。

- 決めたことの進ちょくを確認し、できていなければ緊急対策や再発防止策を立案してすぐに実行する
  ➡ うまくいっているのかどうかがわかり、うまくいっていないことの解決策が立てられる。

会議の目的が明確になれば、その成果が出たときに達成感があり、会議に参加する意欲がわくものだ。

(2) あいまいさの中でも決める
会議では決めないといけない。あいまいなまま放置せず、必ず決めることが大切だ。しかし、実際には不確定な要素があり、その時点ではそれがいいか悪いかがわからないことが多い。そんなときに重要なことは「あいまいさの中でも決める」ことだ。あいまいさの中で停滞する組織と、それでも推進する組織とでは、後者の方が明らかに成果をつくり出す。

会議で物事が決まらなければ先の議題に進まない習慣を付けなければならない。誤った決定よりも、決定しないことの弊害の方が大きい。

(3) 会議を教育の場に
論理的に物事を決定することを学ぶための社員教育の場とする。会議に同席して物事が決定されるプロセスを知ることで、後日、自らが決定しなければならない場合のスキルを身に付けることができる。

会議を引き締めるには
会議を開いてもだらだらとした話に終始してしまうことがある。どのようにすれば引き締まった会議になるだろうか。

(1) 発言は30秒以内で
テレビの討論番組では、1人の発言は30秒以内とされている。30秒を超えると、何が言いたいのかが周囲に伝わりにくくなる。

（2）発言は提案と質問、要求の三つ

単なるコメントの交換は無駄である。会議で発言すべきなのは提案と質問、要求の三つだ。

- 提案の例＝「○○を解決するためには、○○をすればよいと思います」
  良い提案であることがベストだが、会議の雰囲気を変えるような提案でもよい。

- 質問の例＝「○○さんが提案した○○とは……ということですか」
  発言に対して、その趣旨を明確にするための発言だ。自分がわかっていても、わかっていない人がいると感じたときに発するのがよい。

- 要求の例＝「○○を○日までに行ってください」
  相手に仕事を要求するときに重要なことは、作業を求めず、成果を求めることだ。「……を作成してください」よりも「……という結果をつくってください」と言われるとがぜん、やる気がでるものだ。

発言を増やす五つの方法

会議を開いても、なかなか意見が出ないし、強制的に発言を求めても「特にありません」、「○○さんと同じ意見です」となってしまい、話が広がらないことがある。どうすればみんなが積極的に発言できるような会議になるだろうか。

（1）うまくいっている話から始める

会議の最初では、うまくいっていることからそれぞれ発表する。うまくいっていることを話すことは、誰でも気持ちが良いものだ。多くの会議では、うまくいっていないことを議題にしがちだが、これでは気持ちが沈んでしまい、発言する意欲がなくなってしまう。

（2）「なぜ」ではなく「どうすれば」に

うまくいっていないことを議題にするときに、「なぜ……」と聞くと責任

追及になってしまい、暗い雰囲気になる。そこで、「どうすれば……」の形に言い換え、さらに「日本一になるためには……」と変えてみると活気が生まれる。

「利益が出ない」ではなく、「どうすれば利益が出る会社になるだろうか」と言い換えるわけだ。さらに「どうすれば日本一利益が出る会社になるだろうか」と変えてみる。

「利益が出ない」から議論を始めると、利益が出ない理由ばかりを上げ出す。「どうすれば利益が出るか」と質問すると、「工期を短縮する」、「協力会社を探す」などと対策が出てくる。さらに「どうすれば日本一利益が出る会社になるか」と質問すると、「VE提案を出す」、「新規事業を始める」など思いもよらぬ対策が出てくるものだ。

（3）紙に書いてから発表する

意見はないかというと皆、下を向く。「こんなこと言っても仕方がない」、「誰かが発言するまで待とう」と思うからだ。そこで、意見を求める際には、まずは5cm×5cm程度の紙に各自意見を書いてもらう。そして、順に発表してもらうのだ。そうすると何かを書かないといけないし、「○○さんと同じ意見です」とも言えなくなる。

（4）発言しやすい雰囲気をつくる

指示や命令と報告だけのやり取りだと、会議で発言しにくくなる。例えば、以下のようなケースだ。

　司会「A君、現場の状況を報告しなさい」。
　A君「順調に進んでいます」。
　司会「B君の現場はどうだ」。
　B君「先日、お客様から営業マンに話したことが現場に伝わっていないとクレームがありました」。
　司会「どうしてそんなことになったんだ」。

B君「営業マンから聞いたことを、現場の担当者がうっかり忘れていたからです」。
　　司会「どうして紙に書き取らないんだ」。
　　B君「すみません」。

　このような内容であれば、わざわざ全員が顔を合わせて話し合う必要はなく、個別に行えばよい。さらに、会議で報告を求められるとなると、参加者はしっかり資料を作って万全の態勢で挑もうとする。これでは、独創的な解決策は出てこない。

　特に、問題の解決を目的とする会議を主催する場合、主催者は参加者が自主的に発言しやすいムードをつくることが大切だ。飲み物を用意したり心地良い音楽を流すなどして、意見が言いやすいムードをつくる。

（5）ホワイトボードを使って"見える化"

　会議の内容が見えないと、話が分散してしまってだらけてしまう。議長は常に議事の進行や意見をホワイトボードに書き、会議の内容を"見える化"する必要がある。会議の内容が見えると発言が増え、会議が引き締まるものだ。

　　司会「今日は、現場の運営をスムーズに行うために意見交換しよう。意見がある人は発言してください」。
　　A君「営業の方とのコミュニケーションが良くないので、お客様の要望が現場まで伝わってこないことが多いです」。
　　司会「この件について、皆さんどう思いますか」。
　　B君「私もそのようなことがありました。私は、自分から営業の方に、紙に書いて連絡してもらうようにお願いしています」。
　　C君「私は……と思います」。
　　D君「私はC君とは意見が違い、……と思います」。

　これらを司会者はホワイトボードに書いていく。ある程度出そろった段階

でホワイトボードを見ながら意見をまとめていくのだ。自由な意見を書き取ることで、参加者が話の流れを理解しやすくなる。

写真8-3●工事部の会議の様子

（写真：水谷工業）

決めたことを「ToDoリスト」で実践

気分がすっきりして今後の意欲がわく会議や、逆に後味の悪い会議もある。会議の後も意欲を持続させるには、会議の終わり方が重要だ。終了時点で次の3点を確認する。
- 会議の目標や到達点の合意
  ＝会議の前に目的を確認し、終了時には目標や到達点を合意する
- 参加者に何を期待しているかを明確にする
  ＝以下に述べる「ToDoリスト」を確認する
- 参加者が自らの約束を宣言する

あいまいなまま会議を終わらせないことが重要だ。会議とは、会って決議することである。

会議で決めたことをきちんと実践できるようにするために、会議が終了し

たら議事録を作成する。できるだけ当日中、遅くても3日以内がよい。そして、議事録には「ToDoリスト」を付けることがポイントだ。「誰が、何を、いつまでに」を明確にするためである。

さらに、その進ちょくの確認を最低でも1週間に1回は行い、予定通り進んでいるか、その障害は何か、ほかにもっと良い方法はないのか、などを討議しなければならない。

表8-1●ToDoリストの例

NO	内容	担当者	期日	チェック
1	○○工事の見積もりを取る	○○	1月23日	☐
2	過去の工事の歩掛かりを調査する	○○	1月25日	☐
3	○○案件について協力会社と打ち合わせをする	○○	1月20日	☑
4	○○案件について発注者との協議資料を作成する	○○	1月26日	☐
5	○○案件の実行予算書を見直す	○○	1月20日	☑

物事を決めない場合も

会議とは会って決議すると先に書いた。しかし、決めない会議もある。それは、ここではミーティングと呼ぶ。または勉強会といってもいいかもしれない。ミーティングのポイントは以下の三つである。

・相手の意見を尊重する
・人の話をよく聞いたうえで、自分の考えをわかりやすく伝える
・自由討議なので、正しいか間違いかの判定は要らない

これはブレーンストーミングやフリーディスカッションとも呼ばれる。大切なことは、会合の目的が物事を決める「会議」なのか、物事は決めずに自由に意見交換する「ミーティング」なのかを明確にしたうえで始めることだ。目的を明確にしないから、会議の主催者は「社員からなかなか意見が出ない」と悩み、一方で参加者からは「うちの会議は何も決まらない」という声が出るのだ。

表8-2 ●会議を開催する際のポイント

段階	目標	具体的実践
①事前準備	1. 会議次第を明確にする	・会議次第を用意し、参加者に事前に周知する ・会議次第には目的や議題、タイムスケジュールを記載する
	2. 出席者を明確にする	・欠席者や遅刻者を参加者に事前連絡する
	3. 資料を準備する	・参考資料を準備し、会議時または事前に配付する
	4. 役割を決める	・進行役（議長）のほか、議事録やToDoリストの作成者の役割を決める
②会議進行中	1. 会議の目的などを伝える	・目的や議題、タイムスケジュールを参加者に伝える
	2. 生産性の高い会議進行を行う	・「報告事項」を資料によって確認する ・「協議事項」を決議する ・「なぜ…」ではなく「どうすれば…」という議題で討議する ・全員に意見を求める場合は、紙に書いてから発表させる ・ホワイトボードを活用して状況を"見える化"する
	3. 会議終了前にまとめをする	・会議の終了前に、決定事項と参加者が今後実施すべきこと（ToDoリスト）を確認する ・延長する場合は参加者の合意を取る ・延期する場合はその予定を決める
③会議終了後	1. 決定事項を遂行する	・議事録とToDoリストを参加者全員に配付する ・決定事項についてその遂行計画を決める ・意見や提案がある場合は、会議に再提出する
	2. フォローアップをする	・ToDoリストに基づいて進ちょくを確認する

降籏　達生
（ふるはた・たつお）

ハタコンサルタント(株)代表取締役
NPO法人建設経営者倶楽部理事長、ISO推進フォーラム会長
1961年、兵庫県生まれ。83年に大阪大学工学部土木工学科を卒業後、熊谷組に入社。95年に同社を退社して独立。99年にハタコンサルタント(株)を設立し、代表取締役に。建設業の経営改革や原価管理の支援コンサルティング、建設技術者の育成などを手がける。技術士（総合技術監理部門、建設部門）、APEC Engineer（Civil, Structural）、労働安全コンサルタント。主な著書に「安全活動にカツを入れる本　建設現場をもっと"元気"にする方法」（2007年、労働調査会、共著）、「今すぐできる建設業の原価低減」（2008年、日経BP社）、「技術者の品格　其の一」（2009年、ハタ教育出版）、「技術者の品格　其の二」（2010年、ハタ教育出版）、「建設業コスト管理の極意」（2010年、日刊建設通信新聞社、共著）など。

ホームページ http://www.hata-web.com/

現場代理人養成講座
施工で勝つ方法

2010年11月15日　初版第1刷発行
2020年 2月 7日　初版第4刷発行

著者	降籏　達生
編者	日経コンストラクション
発行者	望月　洋介
編集スタッフ	西村　隆司
発行	日経BP社
発売	日経BPマーケティング
	〒105-8308　東京都港区虎ノ門4-3-12
印刷・製本	美研プリンティング

©Tatsuo Furuhata 2010　Printed in Japan

ISBN978-4-8222-6622-6

本書の無断複写・複製（コピー等）は著作権法上の例外を除き、禁じられています。購入者以外の第三者による電子データ化及び電子書籍化は、私的使用を含め一切認められておりません。
本書籍に関するお問い合わせ、ご連絡は下記にて承ります。
https://nkbp.jp/booksQA